CADI

新疆国际会展中心

陆晓明 主编

中国建筑工业出版社

图书在版编目（CIP）数据

新疆国际会展中心 / 陆晓明主编. — 北京：中国建筑工业出版社，2012.7
ISBN 978-7-112-14476-1

Ⅰ. ①新… Ⅱ. ①陆… Ⅲ. ①会堂－建筑设计－新疆
Ⅳ. ①TU242.1

中国版本图书馆CIP数据核字(2012)第148032号

责任编辑：刘 丹 何 楠
责任校对：姜小莲 赵 颖

新疆国际会展中心
陆晓明 主编
*
中国建筑工业出版社出版、发行（北京西郊百万庄）
各地新华书店、建筑书店经销
北京雅昌彩色印刷有限公司制版
北京雅昌彩色印刷有限公司印刷
*
开本：965×1270毫米 1/16 印张：7½ 字数：200千字
2014年1月第一版 2014年1月第一次印刷
定价：100.00元
ISBN 978-7-112-14476-1
(22536)

新疆国际会展中心
欢迎您
P

新疆国际会展中心

编写单位　　CADI 中信建筑设计研究总院有限公司

编委会　　张晰　刘文路　叶炜　温四清　董卫国　王新　张忠林　刘晓燕　肖冰　明锦郎　胡国民

主编　　陆晓明

设计团队　　陈焰华　李传志　李蔚　胡继强　丁卯　许定一　张重琛　谢胜球　杨露　万亚兰　孙文兰　胡意荣　曾乐飞　胡文进　肖巍兵　谢丽萍　刘国祥　徐军红　王疆　雷建平　张再鹏　熊光　祝建树　叶鹏

编写团队　　陆晓明　胡继强　肖雅婷

摄影　　施金钟　李晓园　薛强　陈亮

平面设计　　肖雅婷　胡继强

封面设计　　肖雅婷

本书编委会（排名不分先后）

序言 FOREWORD

新疆国际会展中心的建筑创意

乌鲁木齐是古丝绸之路上的重镇，迄今已有1300多年的历史，自古便有“开天辟地之门户”的美称，是连接天山南北、沟通新疆和内地的重要交通枢纽。改革开放以来，特别是随着新亚欧大陆桥的全线贯通，乌鲁木齐作为新亚欧大陆桥中国段的西桥头堡，已经成为我国扩大向西开放的重要门户和对外经济文化交流的重要窗口。

发展中的新疆需要一座新的地标式博览建筑来展示她的独特魅力。如果说悠久的历史和浓郁的民族风格是在诉说着这座城市的过去，那么新世纪民族团结、和谐发展的精神风貌则是在讲述着这座城市的现在和未来。中信建筑设计研究总院的设计师们不负众望，成功推出新疆国际会展中心设计，展现了全疆各族人民共同团结奋斗、共同繁荣发展的时代精神，获得了业界的肯定和大众的好评。

新疆国际会展中心特殊的地理位置和规划条件对建筑师来说既是难点也是机遇。如何将现代手法与乌鲁木齐城市形象和精神融合为一体是本项目的一大难点。建筑造型构思取意于诗仙李白的名句“明月出天山，苍茫云海间”，采用抽象隐喻的手法勾勒出雪峰、明月的独特形象。“天山”是乌鲁木齐乃至新疆各族人民心灵中的图腾，是民族团结奋进的象征；“明月”则代表了新的时代，光明与和谐、发展与进步如同月光般洒满了整个城市。建筑仿佛是从天空飘然落入人间的一轮明月，苍茫的天山横亘在西域大地，皓洁的明月遥挂在天边，衬托出“明月出天山”的意境，构成了一幅新世纪发展升腾的图案。

“明月出天山”的建筑形象，表达了民族团结、共同进步、社会和谐的深意，达到了梁思成、林徽因大师在《平郊建筑杂录》中提出的“建筑意”的概念，是一个成功的建筑创意。

一座地标式建筑除了功能与形式的完美结合外，还需要为城市的发展带来可持续的经济效益、社会效益和环境效益。因此，建筑自身的平衡和城市的崛起如何有机地结合在一起成为了设计的另一大难点。建筑师采用国际大型会展建筑常用的规划模式，以鱼骨式单元化规则排列造就最短的参观流线、最省的用地，为会展中心项目未来扩建预留了充足空间，让新疆国际会展中心成为随着城市需求不断长大的“活建筑”。

2011年9月1日，第一届亚欧博览会在新疆国际会展中心成功举办。这标志着新疆国际会展中心的建成，对带动乌鲁木齐乃至整个西部地区的经济进程、推动区域展会的发展正在产生积极而深远的影响。作为乌鲁木齐城市重要的组成部分，这座建筑在今后的岁月里必将绽放出更加耀眼夺目的光彩。

明锦郎

中信建筑设计研究总院原书记、院长

谨以此书献给中信建筑设计研究总院有限公司60华诞。

前言 INTRODUCTION

明月出天山——新疆国际会展中心设计

新疆位于亚欧大陆中部，占中国陆地总面积的六分之一，幅员辽阔、地大物博、山川壮丽、瀚海无垠、古迹遍地、民族众多。对建筑师来说，能为新疆维吾尔自治区设计国际会展中心是一次挑战，也是一份荣耀。回想会展中心设计与建设的一千多个日日夜夜，感慨良多。

当我们第一次走进新疆，倘徉在群山峻岭之中，游走于绿洲戈壁之间，就被其旖旎的自然风光所震惊。手抓饭、羊肉串、葡萄干、哈密瓜也使我们感受到舌尖上的新疆的不同寻常。古代丝绸之路又给她增加了一份神秘的传说。

凯文·林奇在他的著作《城市意象》里说道："任何一个城市都有一种公众印象，它是许多个人印象的叠合。或者有一系列的公众印象，每个印象都是一定数量的市民所共同拥有的。"那么新疆的国际会展中心应是种怎样风格的建筑呢？是要反映当地少数民族风俗和形式，还是展现一种展示当代新疆的精神风貌？我们觉得当然是后者，会展中心应当主题鲜明、立意高远，激发公众的情绪感知，引发观者的感悟共鸣。李白"明月出天山，苍茫云海间"的诗句给了我们灵感，"明月出天山"正是当代"新疆精神"的体现。"明月"、"天山"不仅仅是对新疆自然地理特征的提炼，也是一种精神的物化和文化提炼。雄伟、庄重、舒展、轻盈、腾飞的建筑形象与气质，是设计师追求的目标；节奏与韵律，传统与时代，文化与科技，一直贯穿整个设计的始终；建筑与城市，建筑与环境，建筑与技术，也是设计师一直关注的话题。会展中心运用现代建筑语言进行抽象演绎，运用建筑与结构形式来表达文化意境，运用现代建筑材料（玻璃、金属），烹饪出一道文化大餐。

会展建筑最早于8世纪中叶在英国出现，随着社会经济的发展，社会分工的细化，展览建筑已经发展为专一的集中性商品展示场所，规模越来越壮大，功能复杂、齐全、多变、灵活。大空间、大柱网、多功能的空间是现代会展建筑的要求。

新疆国际会展中心由展览与会议中心两大功能组成。会议中心布置于建筑中心部位，依靠两个粗壮的垂直交通核支撑在半空，如同夜空中的一轮明月，熠熠生辉。展厅布置于两侧，呈"一"字形展开，展厅屋面部分折起，如同连绵起伏的群山。整个建筑形象描述了一幅"明月出天山"的新疆景色。

展厅采用了国际大型展览建筑常用的可生长鱼骨式布局，可分可合，方便不同规模展会的需求。独立分开时可作为6个63米×99米的小展厅使用，合并时可作为两个大展厅使用，两个大展厅之间由通廊连接。这种可生长单元式布局，流线最短，用地最省，既充分保留了未来发展的空间，同时也保证了一期建设的完整性。整个建筑造型简洁、大气、一气呵成。在展厅功能布局上，将观展人流与布展后勤管理人流分开设置，两者相对独立，均设有对外的单独出入口，方便展会运营管理。同时我们将公共区域与展览区域分离，在南侧靠近室外展场设置休息廊，作为室外进入展厅部分的缓冲区域。将商务洽谈、后勤管理等房间布置于展厅南北两侧，并充分利用管理用房与屋顶之间的空隙设置设备夹层，空间使用高效便捷。同时，展馆摒弃了传统大空间惯用的空调形式，巧妙地利用展厅之间的隔断设施设置能源设备带，合理地将空调、电力、消防的设备管线布置其中，既优化了展厅内部空间，做到了整个展厅内部无障碍物，又完美地解决了设备需求。

会议中心位于整个建筑的中心部位，主体造型为椭球形，因此对内部功能的布置要求较为苛刻。如何合理有效地利用内部空间，是设计必须思考的问题。在内部功能排布设计中，我们首先将空间按照大小及形式分析归类，然后进行多方案对比，最终将对空间及高度均有较高要求的1400人多功能厅布置于椭球形的中心部位，将800人会议室及400人会议室布置于椭球体的长轴两侧，与建筑形体完美结合。同时利用椭球体的短轴两侧剩余空间布置通长观景廊，在天气晴朗的时候，在这里可以一览博格达峰雪景。

数字化技术的发展让建筑师如虎添翼，技术在新疆国际会展中心的设计中扮演着一个重要角色。会展中心的设计中大量运用数字化技术的相关软件，完成了会议中心高难度的椭球形状设计及展厅的张弦梁的设计，使建筑师的想法得以淋漓尽致的体现。为充分表现"明月"的光洁，设计中还大胆运用双曲面蜂窝铝板和玻璃，采用专业工厂加工制造、现场拼装的施工方式，保证了安装零误差。并在施工过程中采用了低温焊接技术，提高施工质量和速度。

为达到会议中心"明月出天山"的设计效果，五层会议中心采用了大跨度悬挑结构，悬挑最远达到38米，这在位于8度抗震设防烈度的乌鲁木齐地区乃至全国都较为罕见。我们的设计团队从优化框架柱和剪力墙的耗能机制入手，通过在钢筋混凝土框架柱内设置钢骨，在混凝土剪力墙内设置钢支撑，极大提高了建筑结构消耗地震能量的能力，为建筑提供优良的抗震性能。

消防疏散设计是新疆国际会展中心设计中的另外一个难点。展厅及会议中心在使用过程中均是人流密集场所，鉴于建筑使用性质，已有的防火设计规范已经不能满足建筑设计使用需求。因此我们通过消防性能化评估引入了次安全区的概念。通过划定固定区域作为次安全区域，满足各个展厅疏散宽度要求，做到各个展厅分开使用或整体使用均满足消防疏散使用要求。建筑的主要会议功能布置在五层，包含1400人多功能厅、800人会议室、400人会议室及国际会议厅等，将如此人流集中的场所布置于建筑的顶层对消防疏散提出了巨大的挑战。建筑师巧妙地利用了支撑“明月”部分的两个筒体结构布置疏散楼梯，通过剪刀梯布置方式，既满足了疏散要求，又巧妙地利用了结构空间。

地下综合管廊系统是新疆国际会展中心设计中的一大特色。系统将展厅所需综合管线布置于地下，如消防、电力、空调、给排水等，既方便维护管理，同时又为将来的发展预留了充足的空间，是可持续发展理念的具体体现。

现代会展建筑不仅是推动一方经济发展的重要舞台，也是文化、艺术的重要信息汇聚地。会展业的发展不仅能提升城市的知名度、城市形象，还能创造可观的经济和社会效益，是一个绿色环保新兴朝阳产业。2011年9月1日，随着第一届亚欧博览会在乌鲁木齐新疆国际会展中心成功举行，标志着会展中心的建成对带动乌鲁木齐乃至整个西部地区的经济进程、推动区域展会的发展正在产生积极深远的影响。

天山脚下，一轮明月正在冉冉升起。

陆晓明
中信建筑设计研究总院有限公司总建筑师
中国建筑学会建筑师分会理事
湖北土建学会建筑师分会常务理事

目录 CONTENTS

6 序　　言

8 前　　言

13 日新月异 | 项目背景　项目概况

30 天山明月 | 推演历程　城市精神

50 花好月圆 | 功能流线

66 镂月裁云 | 结构体系　抗震性能

78 皓月千里 | 会议中心

92 日月经天 | 技术探索

104 峥嵘岁月 | 建设历程

114 附　　录 | 项目大事记

116 后　　记

117 致　　谢

日新月异

岁月之河在古丝绸之路上静静流淌，因眷念一座城的美丽而在这里回旋流连。这就是亚洲之心——乌鲁木齐。自然厚爱着她，无与伦比的自然风光是她的骄傲；历史眷顾着她，千年的痕迹是她的背影。在日新月异的今天，这座西域名城正在掀开自己的面纱，露出自己特有的面容。

项目背景

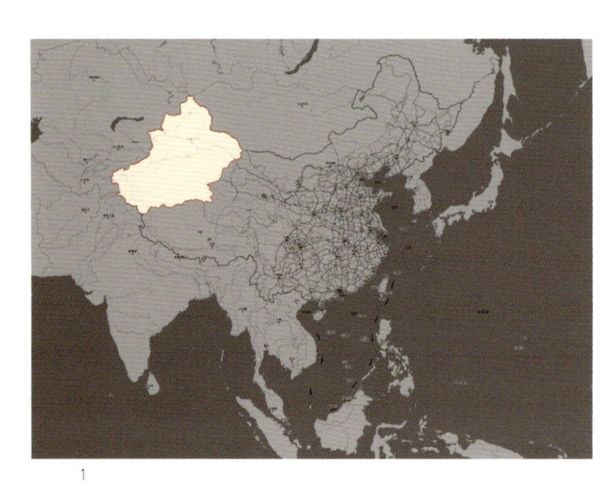

1

乌鲁木齐有着特殊的地缘和区位优势，自古便有“开天辟地之门户”之称，是连接天山南北、沟通新疆与内地的交通枢纽。改革开放以来，特别是第二座亚欧大陆桥贯通后，乌鲁木齐已成为我国扩大向西开放的重要门户和对外经济文化交流的窗口。

以往，人们对于乌鲁木齐乃至新疆的认识还一直停留在过去，天山、白雪、紫色的葡萄就是她的代名词。近年来，国家对于西部的关注力度与日俱增，乌鲁木齐正在以惊人的速度转变出现在世界面前。如今走进乌鲁木齐市，现代、开放的气息扑面而来，这座城市正在以自己特有的包容迎接新的时代的来临。在这样的时代背景下，乌鲁木齐需要一个新的城市地标来展示她的风貌，新疆国际会展中心的设计也就应运而生。

3

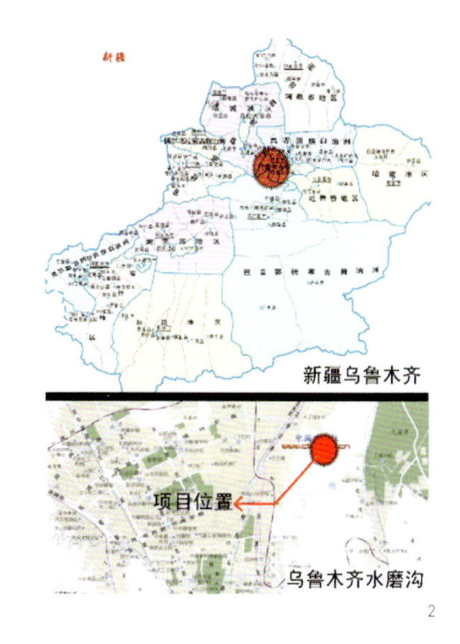

2

1 新疆的区域位置
2 项目在城市中的位置
3 会展中心夜景

4

4 会展中心入口
5 项目用地位置示意图
6 项目分期建设示意图

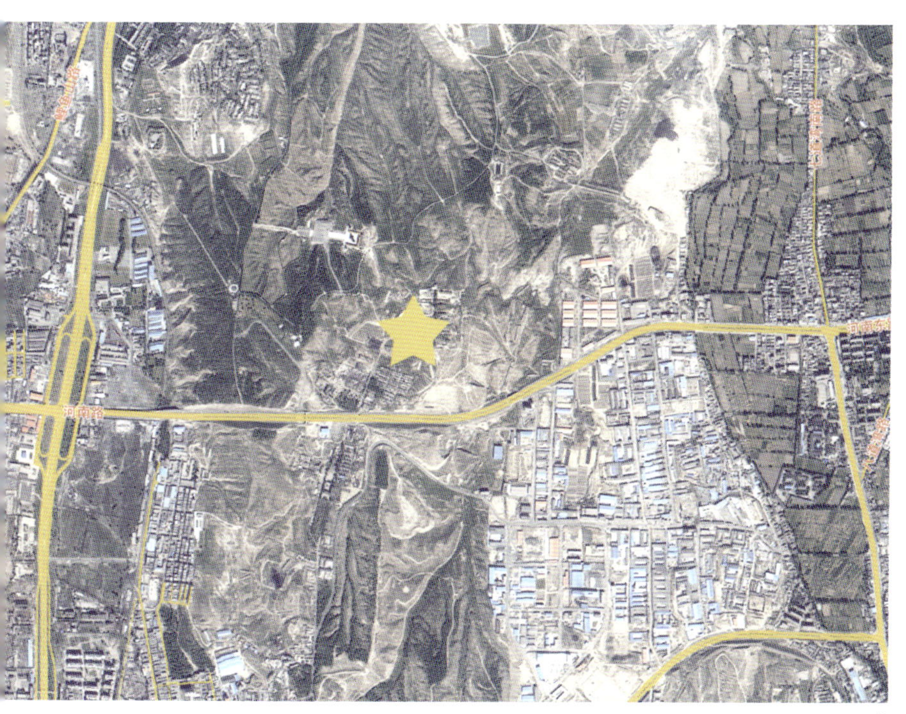

5

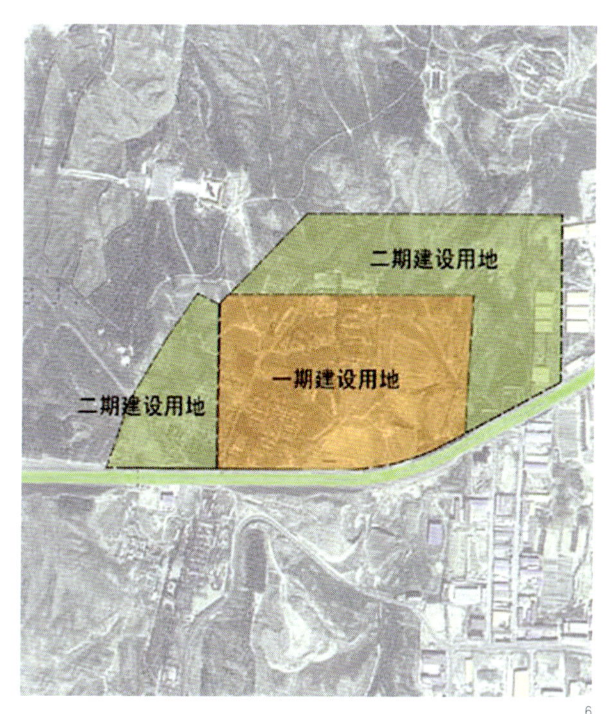

6

7

8

9

7 会展中心全景
8 会展中心入口
9 会展中心南侧
10 会展中心人视(后页)

项目概况

新疆国际会展中心建设地点位于乌鲁木齐市水磨沟区，红光山公园东南侧，河南东路东延北侧，该用地距民航乌鲁木齐地窝堡国际机场约12公里，距乌鲁木齐火车南站约11公里，距火车西站约16公里，距文光货运车站约4.5公里，周边交通较为发达。

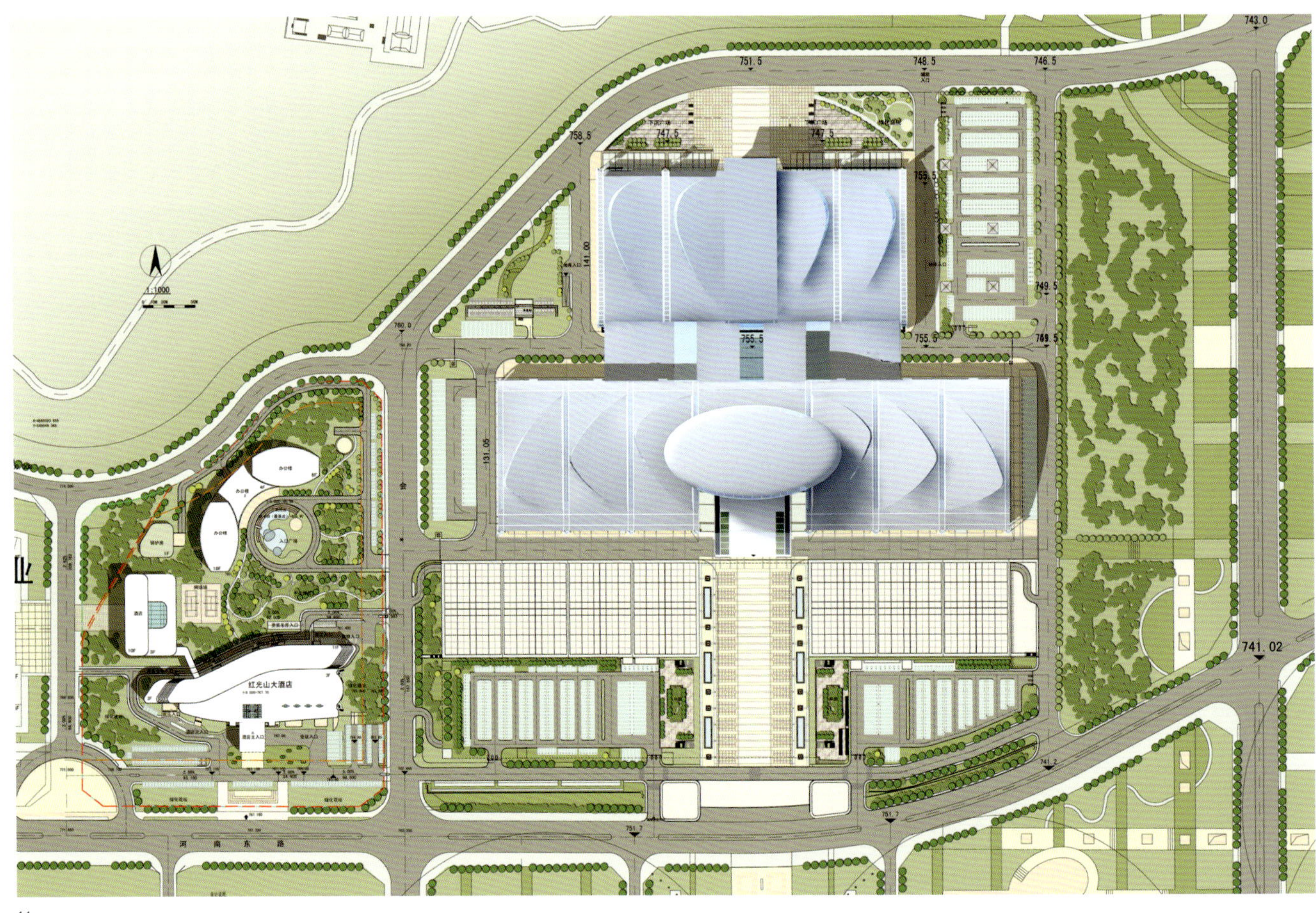

11

11 总平面图
12 入口雨棚
13 会展中心入口（后页）

新疆国际
XINJIANG INTERNATIONAL

新疆国际会展中心
欢 迎 您
会 展 中 心
ENTION & EXHIBITION CENTER

14

根据用地特征，用地范围内具有50米高差（地面绝对标高779米～729米），仅一期用地与二期西侧用地较为平坦，且标高相近。因此展馆部分尽量集中在用地中部、二期配套布置在用地西部，东侧低洼地近期用作景观绿化用地，并可兼顾远期发展使用。

新疆国际会展中心项目分两期建设，总建筑规模20万平方米，用地1089亩，一期工程建筑规模约11万平方米，由1～8号展厅、辅助用房、会议中心、室外展场、室外停车场等组成；二期工程包括9～12号展厅及辅助用房组成的展览馆和室外展场。目前，一期工程已于2011年9月1日竣工投入使用。

15

16

14 基地竖向分析
15 会展中心广场
16 会议中心门厅
17 会展中心入口近景(后页)

南5
最后1天

天山明月

为实现现代的城市性格与自然环境的和谐统一，设计以自然山体地形的趋势作为建筑轮廓设计的出发点，采用抽象隐喻体现自然特色。造型构思取意“明月出天山”，采用抽象的手法体现出雪峰、明月的独特形象。建筑仿佛是从天空飘然落入人间的一轮明月，苍茫的天山横亘在西域大地，皓洁的明月遥挂在天边，衬托出“明月出天山”的意境，构成了一幅21世纪发展升腾的画卷。

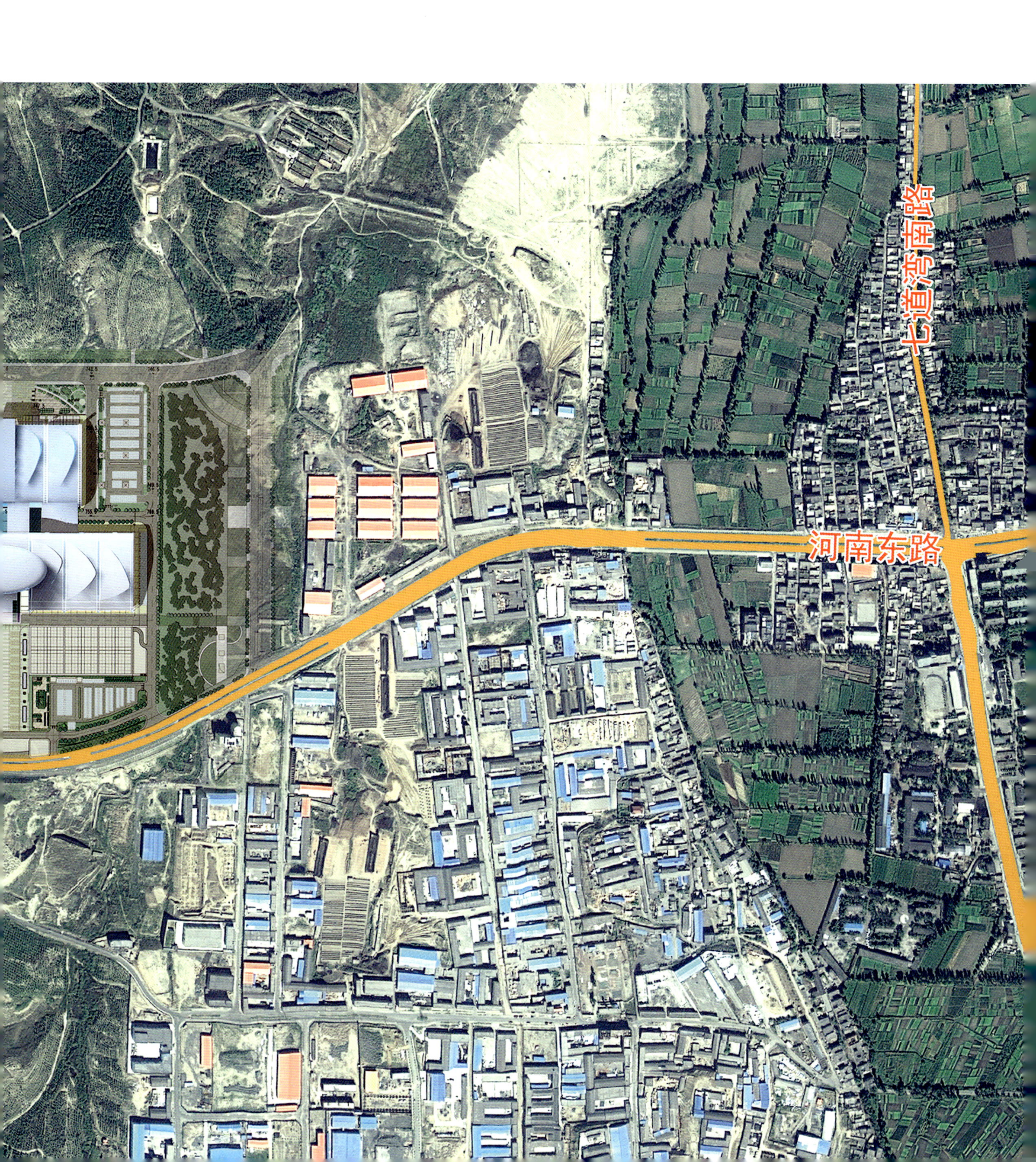

七道湾南路
河南东路

1

2

3

4

5

6

7

1 会议中心入口
2 展厅入口
3 一轮方案效果图
4 二轮方案一效果图
5 二轮方案二效果图
6 一轮方案鸟瞰效果图
7 最终方案鸟瞰效果图

推演历程

在开始方案投标时，兴奋之余对项目的设计也进行了初步的思考。古往今来，对于乌鲁木齐这座城市而言，悠久的历史和独特的民俗令她倍感自豪。她拥有的历史从丝绸之路开始到如今作为新的中亚门户，千百年来影响亚欧、声名远播；同样，她也拥有无与伦比的地域特点，作为新疆维吾尔自治区的首府，民俗特色早已融入了这个城市的性格。能歌善舞的各族人民，异于内地的西域风情，还有那白雪皑皑的天山，紫色飘香的葡萄园……都是乌鲁木齐的代名词。如此丰厚的历史积淀和民族特色，都将是方案创作的源泉。

但是，除地域特色之外似乎觉得还缺少点什么。纵观全国各大城市的会展中心，有“水晶宫”美誉的深圳国际会展中心代表了深圳的现代；平面为编钟造型的武汉新城国际博览中心讲述了荆楚文化的优美；设计灵感来自古代乐器“陶埙”、“石排箫”造型的郑州国际会展中心展示了中原地区浑厚的历史积淀；以“珠江来风”为设计理念的广州国际会展中心则显示着珠江三角洲“东方风来满眼春”的独特魅力，这些建筑都体现着每个城市的形象与精神。正如凯文·林奇在他的著作《城市意象》里说到的：“任何一个城市都有一种公众形象。它是许多个人印象的叠合。或者有一系列的公众印象，每个印象都是某一定数量的市民所共同拥有的。”

8 方案效果图

城市精神

那乌鲁木齐的城市形象与精神是什么？带着这样的疑问，我们来到了新疆，走进了乌鲁木齐。在进入这个城市以后，感受到扑面而来的是她的热情、开放。在西部大开发的战略指引下，乌鲁木齐的发展日新月异，现在行走在街头，是一幅高楼林立、车水马龙的现代画面。“现代”已成为这个城市新的写照；“现代、包容、团结”已形成这个城市新的性格。如果说具有浓郁民族风格的大巴扎是在讲叙这个城市的过去，那新疆国际会展中心将展示这个城市的未来。它应该是新疆21世纪民族团结、和谐发展精神风貌的提高和升华。

方案的创作灵感源于诗仙李白的名句“明月出天山，苍茫云海间”。“明月”、“天山”也就成为设计的主题，天山是乌鲁木齐乃至全疆各族人民心灵的图腾，是人民团结奋进的象征；而明月则代表了这个新的时代光明与和谐、不断向前的时代精神，就仿佛皎洁的月光，洒满这个城市，洒满全疆。

9 构思来源
10 最终方案黄昏鸟瞰图
11 会展中心日景鸟瞰（后页）

9

10

新疆国际会展中心
欢迎您

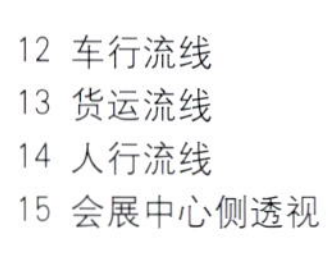

12 车行流线
13 货运流线
14 人行流线
15 会展中心侧透视

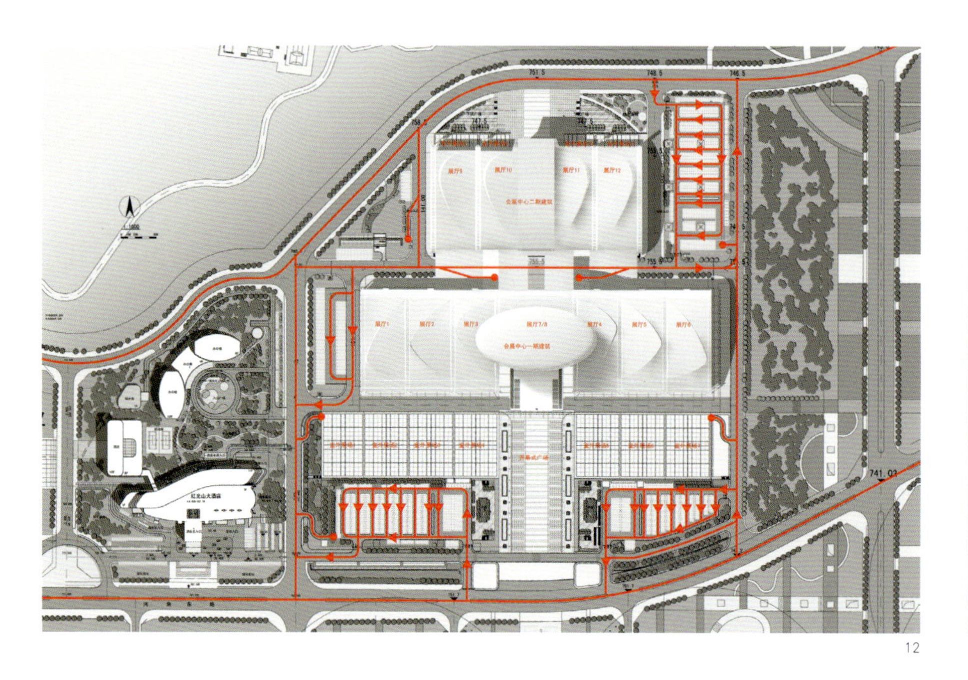

12

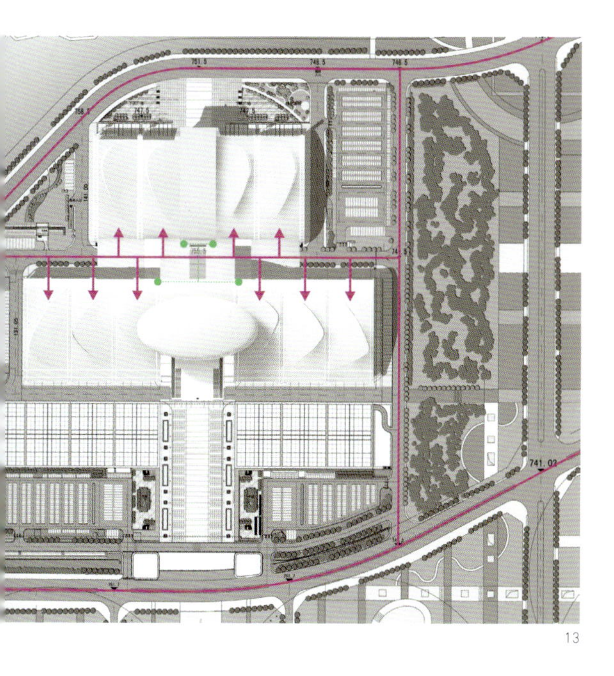
13

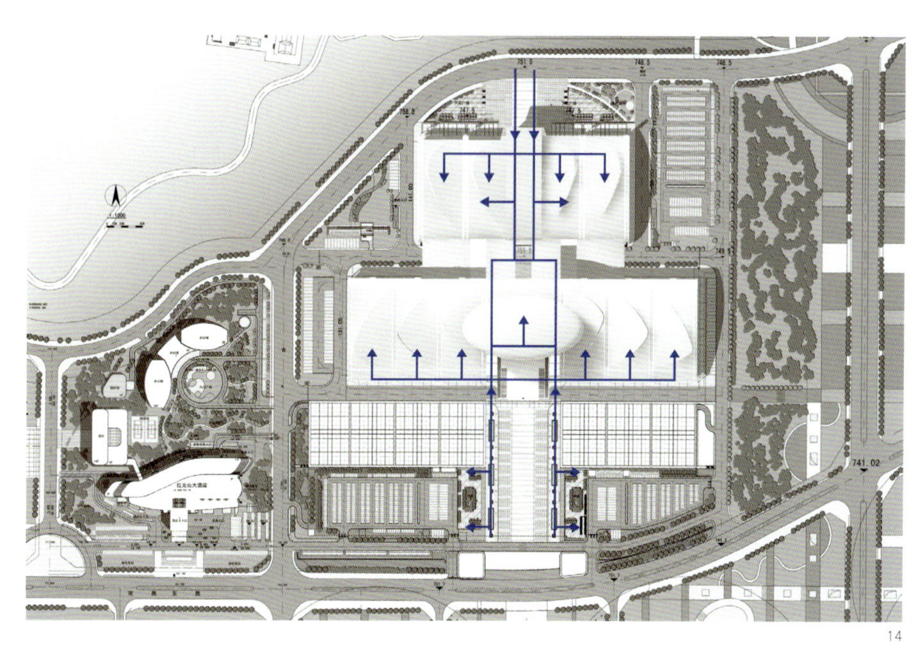
14

15

众所周知，乌鲁木齐自然条件独特，在这个城市，绿色显得更加珍贵。

在总体设计上，我们尽量将能够留出的空地都作为了绿化用地，并且对每一株树木的存活都做出了技术上的保证。建筑不是孤立的存在，它将永远存在于自然中，我们希望新疆国际会展中心能在当地独特的自然环境下，显示出她的绿色以及自然。

规划建筑场地呈中轴对称布置，中间为开幕式广场，供展览开幕及庆典使用。两侧分别为停车场及室外展场，停车场地设置在城市道路北侧，然后布置室外展场与展馆建筑。这样布置既保证了整个建筑使用流线的合理性，同时又为建筑与城市之间保留了足够的缓冲空间，避免大体量建筑对城市的压迫感。

在新疆维吾尔自治区面向国际国内两种资源、两个市场，全面推进“外引内联、东联西出、西来东出”开放战略指引下，历经19载的乌洽会于2011年9月1日升格为中国亚欧博览会，而会展中心就是乌洽会实现“华丽转身”的舞台，是新疆以昂然姿态走向世界的见证。

16

17

18

16 会议中心入口
17 展厅休息廊侧入口
18 入口雨棚
19 功能分区图
20 贵宾流线图
21 展厅休息廊入口

绿色交通体系

完善的绿色交通体系，有效减少拥堵发生。场区内不仅做到了人车分流，还做到了不同性质的车辆分流；流线简洁明晰，方便快捷；交通体系分展时和平时控制。

交通组织原则

人车分流——由于会展中心是人员密集场所，所以为保证观众的安全，以及机动车的行驶速度，必须设置人车分流系统。

客货分流——为了减少货流车辆和观展人员车辆的矛盾，必须设置不同的流线，尽可能地区分货运车辆和普通轿车。

公交优先——根据已建成类似项目经验表明，公交系统是最为高速、快捷和环保的交通方式。

分期建设——根据实际建设的需要，该项目分为两期建设，所以道路及交通系统必须保证一期工程能够独立运行。

方便使用——在保证展览功能的前提下，尽量减少人员与车辆停放区的距离，做到人员的快进快出。

减少交叉——根据交通设计原则，交通堵塞最大的原因是无序交通和交叉点过多，所以在设计中尽量减少了平面交通交叉点。

道路简洁——道路尽可能地做到了简洁明晰，避免车辆在场区内迷失方向，提高通行效率，并且道路依山就势，避免陡坡的出现。

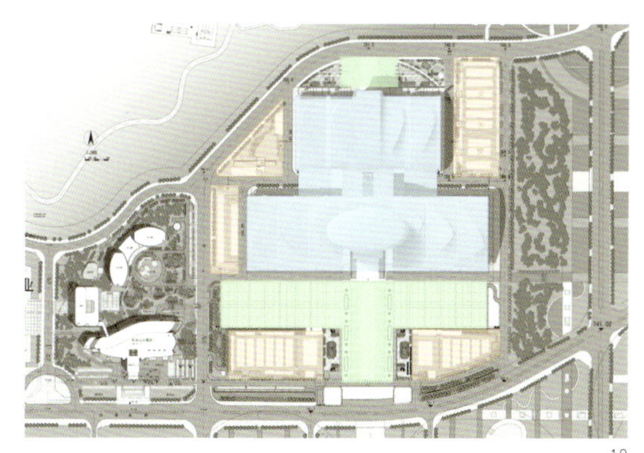

19

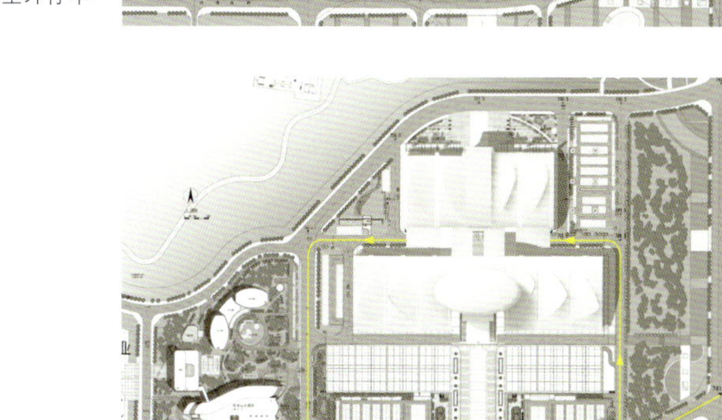

20

21

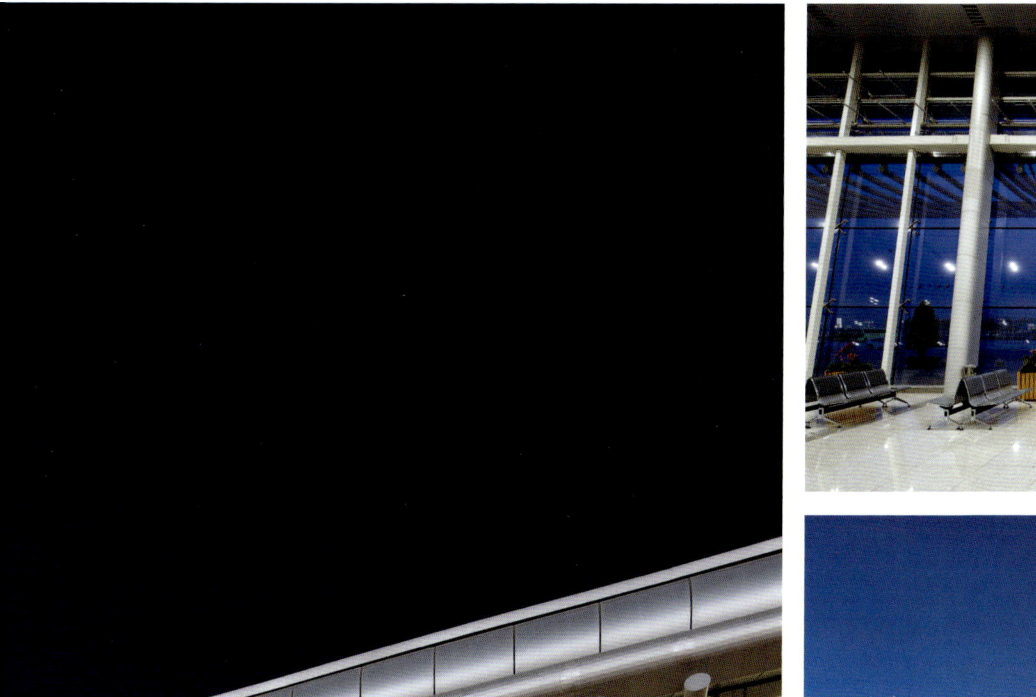

22

23

24

22 展厅休息廊夜景
23 展厅休息廊室内夜景
24 会议中心消防车道

25 会展中心鸟瞰
26 会展中心鸟瞰(后页)

新疆国际会展中心
欢迎您
P

花好月圆

明月出天山，苍茫云海间。
长风几万里，吹度玉门关。

1 会展中心全景

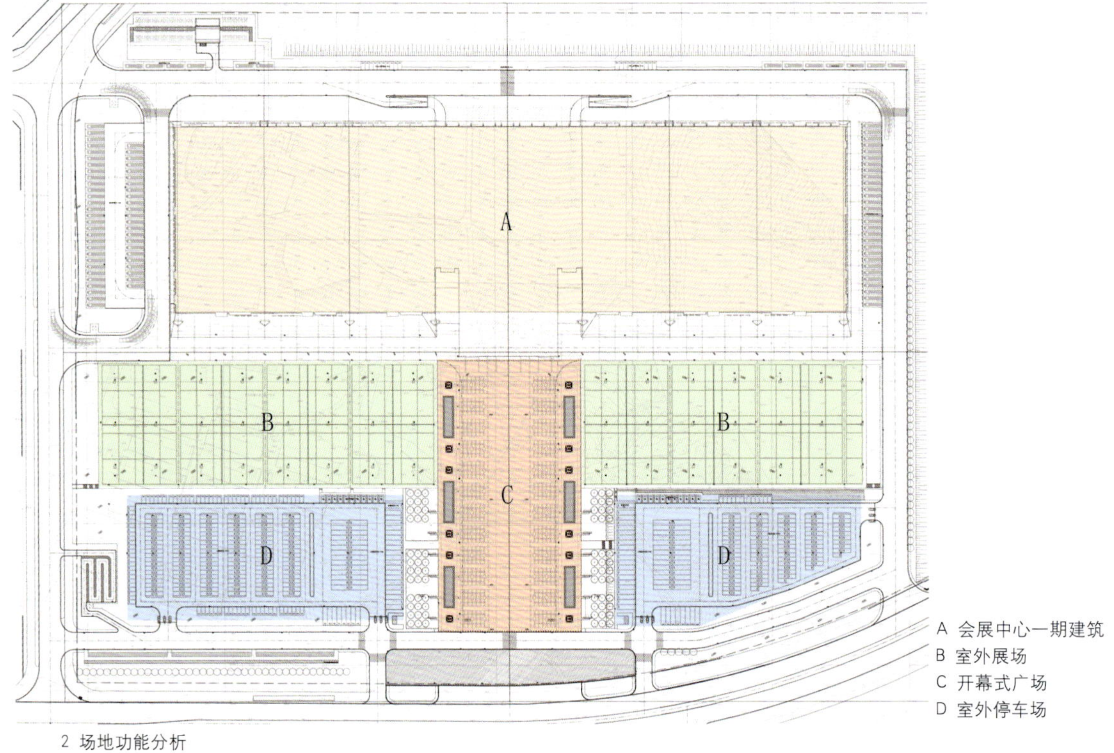

A 会展中心一期建筑
B 室外展场
C 开幕式广场
D 室外停车场

2 场地功能分析

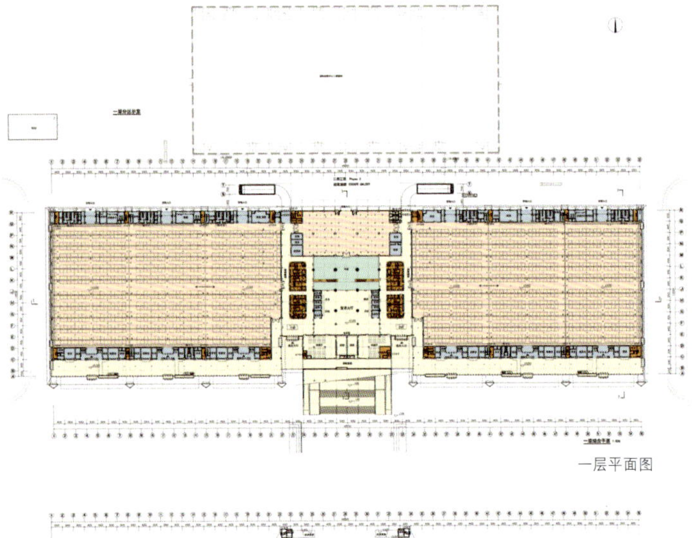

一层平面图

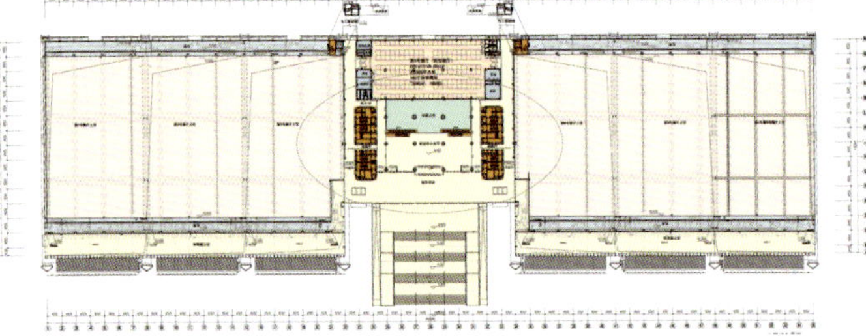

二层平面图

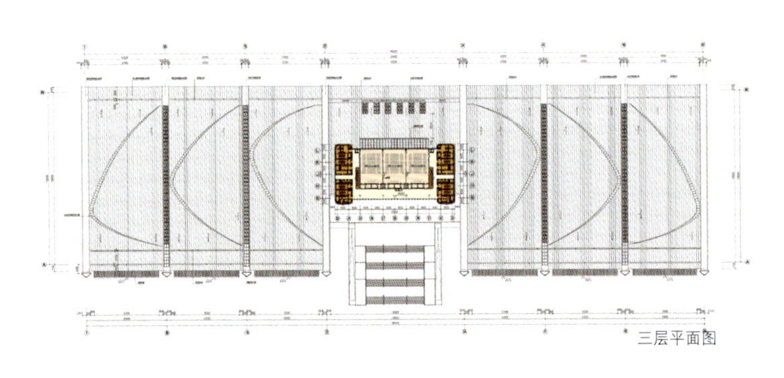

三层平面图

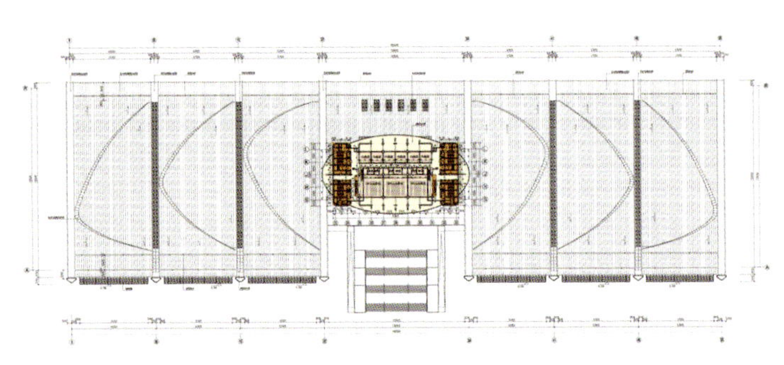

四层平面图

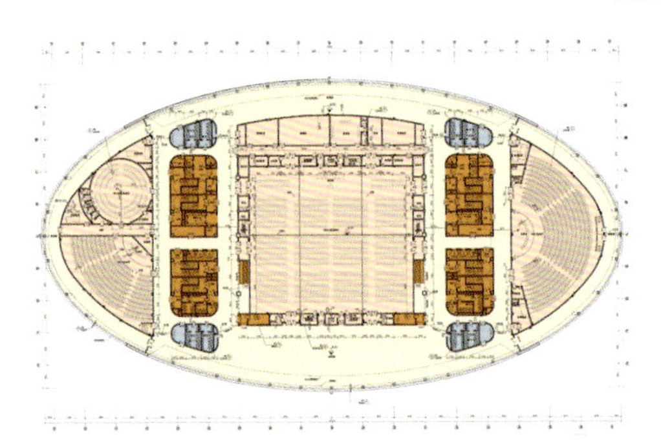

3

五层平面图

功能流线

展馆布局

展馆在布局上采用了“中庭”加“鱼骨”的单元生长式布局，这样不仅流线最短，用地最节省，而且充分保留了将来发展的空间，为扩建提供了可能。

两期展馆通过中间的交通廊相连，可保证一期展馆建成后独立使用，并保持建筑形象的完整；在以后二期工程建设过程中，一期工程仍可正常使用，完全不受干扰。

室外展场

室外展场也分为两期建设，分别靠近两期展馆，以保证使用方便和分期建设的需要。一期室外展场结合开幕式广场设置在展馆南侧，总面积达到45000平方米，城市主干道以北与开幕式广场相连，以保证大型展会时的人员疏散需要，也可烘托会展建筑，渲染展会气氛。

一期展馆

一期展馆为6个约8000平方米标准展厅，每个展厅可容纳308个国际标准展位；两个约4000平方米小展厅，每个展厅可以容纳154个国际标准展位。展厅之间采用活动移门分隔，空间可分可合，打通后最大展厅面积可达到两万多平方米。展馆净空最低处为12米，在满足展览功能的前提下达到节约能耗的目的。

展厅利用大空间两侧设置夹层，夹层功能为展厅内部辅助用房。

4

5

6

3 各层平面图
4 展厅休息廊内景
5 会议中心门厅内景
6 200人会议室内景

7

8

会议中心

三至五层为会议中心。顶层为无柱多功能厅，可同时容纳1400人。

三层功能是3个200人的高级会议厅，会议厅均可通过活动移门灵活按照需要布置为会议或宴会功能。

四层主要为会议功能，包含3个150～200人的会议室及6个小型会议室。

五层东侧布置800人环形会议厅，西侧布置一个400人会议厅及一个150人国际会议厅。其中，国际会议厅配备有同声传译等设备，以满足国际会议需求。

中部为多功能厅，以会议功能为主，根据排距1.2米、座距0.6米布置,可容纳1400人，多功能厅兼备满足大型宴会、产品新闻发布会及展览展示的需要。同时在多功能厅南侧布置有为其服务的翻译间，可满足8种语言同声传译的需要；南北两侧均设置有观景休息环廊，可在此布置休息、咖啡、茶座等，透过弧形玻璃幕墙欣赏美景。

7 200人会议室内景
8 三层会议室前廊内景
9 流线分析图
10 展厅休息廊夜景图(后页)

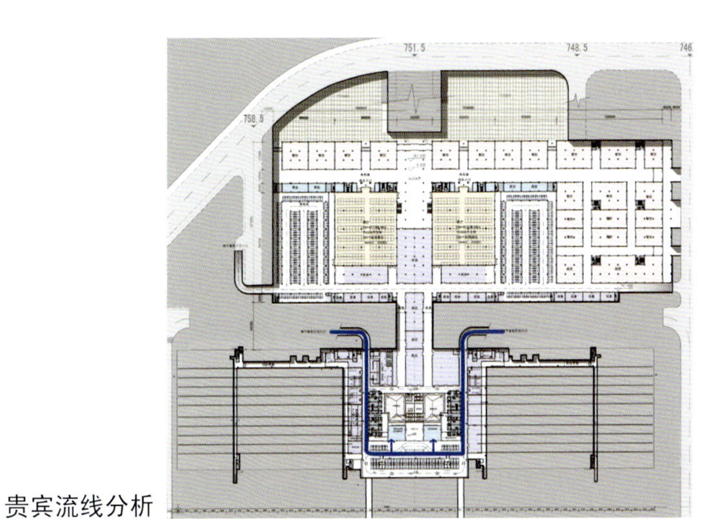

贵宾流线分析

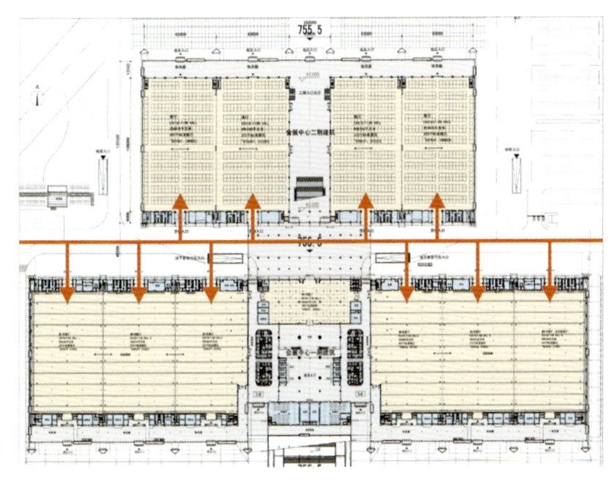

货运流线分析

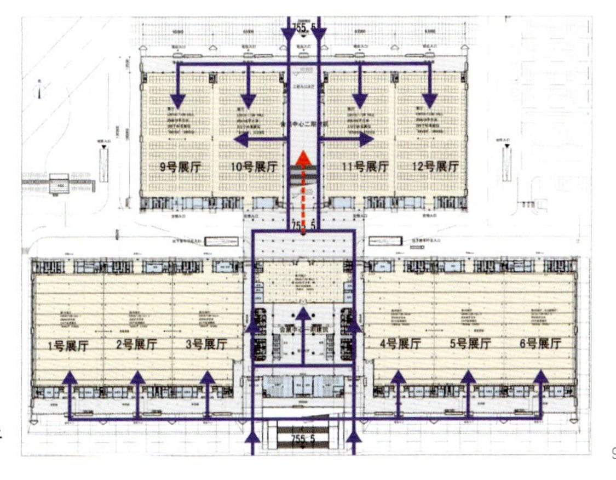

观展人员流线分析

9

1F

11

14

12

13

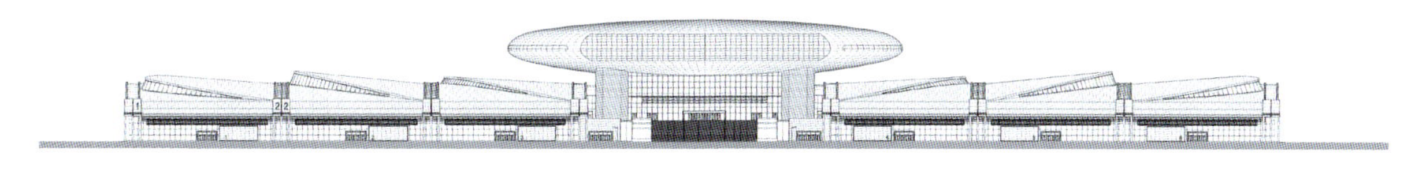

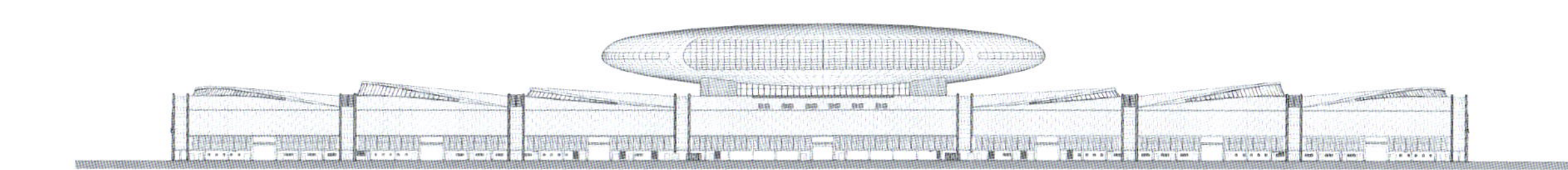

15

11、12 登录大厅内景
13、14 会议厅休息廊内景
15 立面图
16 展厅休息廊内景

16

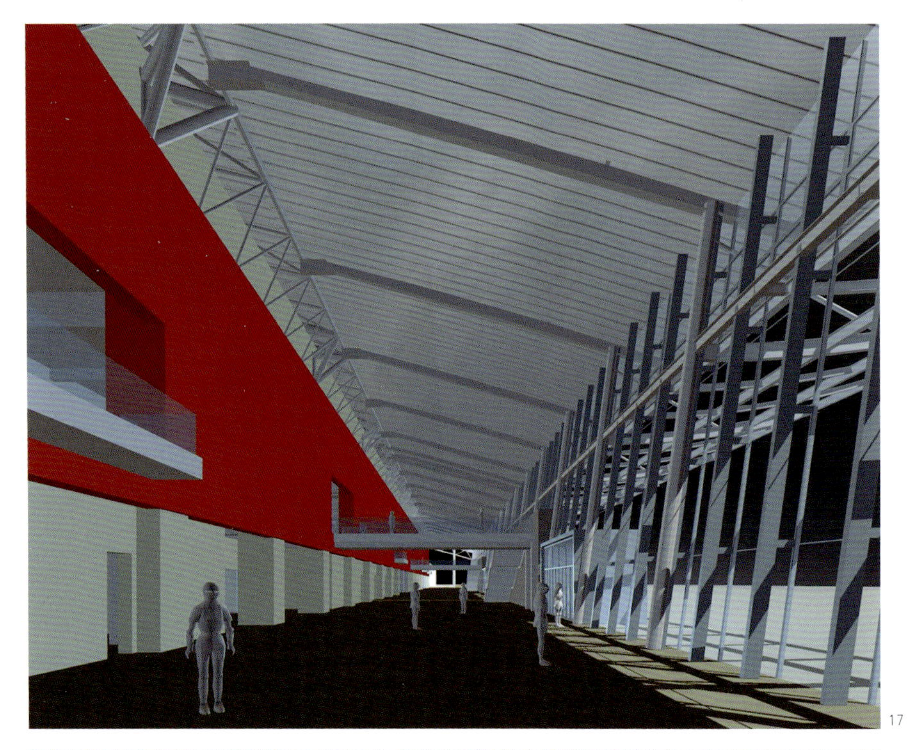

17

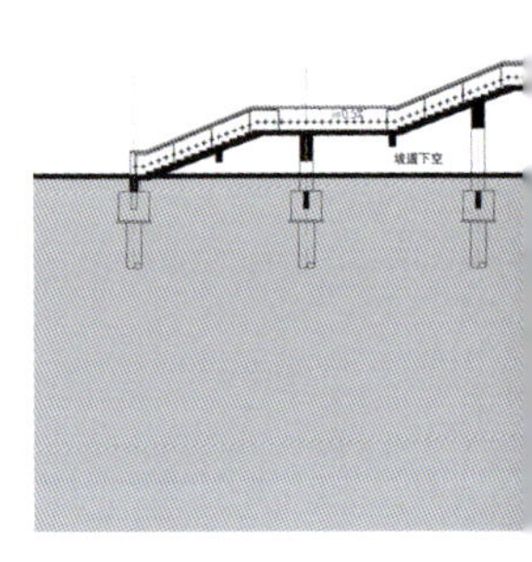

18

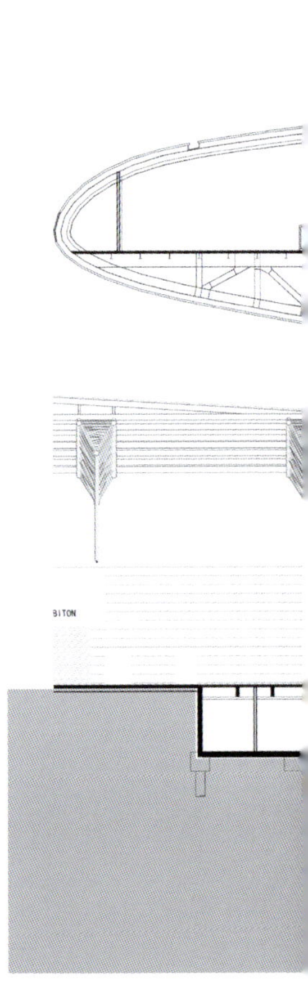

19

17、18、19 方案中间模型
20 会议中心纵剖面图
21 会议中心横剖面图

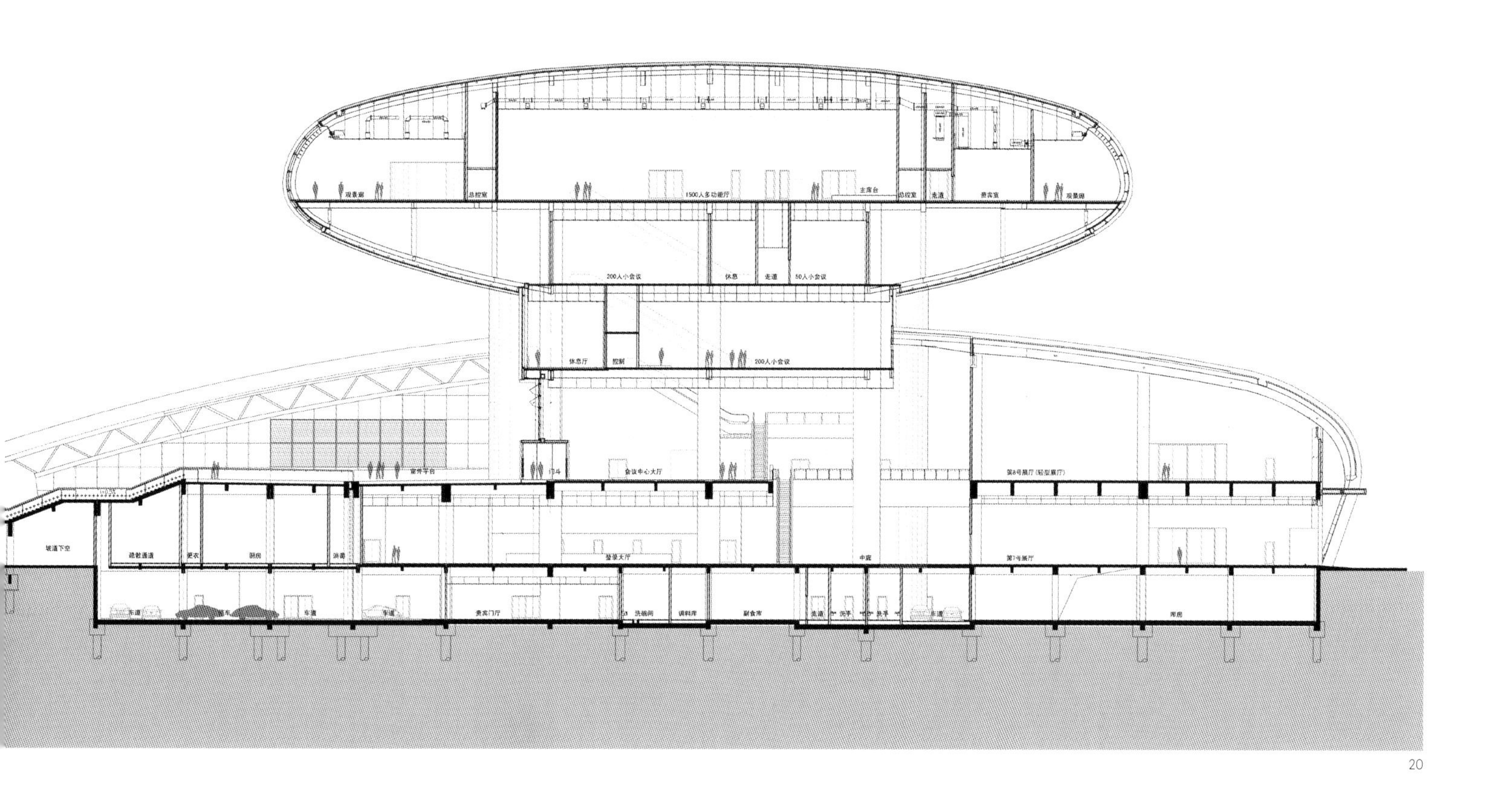
观景廊
总控室
1500人多功能厅
主席台
总控室
走道
贵宾室
观景廊
200人小会议
休息
走道
50人小会议
休息厅
控制
200人小会议
室外平台
门斗
会议中心大厅
第8号展厅（轻型展厅）
坡道下空
疏散通道
更衣
厨房
消毒
登录大厅
中庭
第7号展厅
车道
停车
车道
车道
贵宾门厅
洗碗间
调料库
副食库
走道
洗手
洗手
车道
库房

20

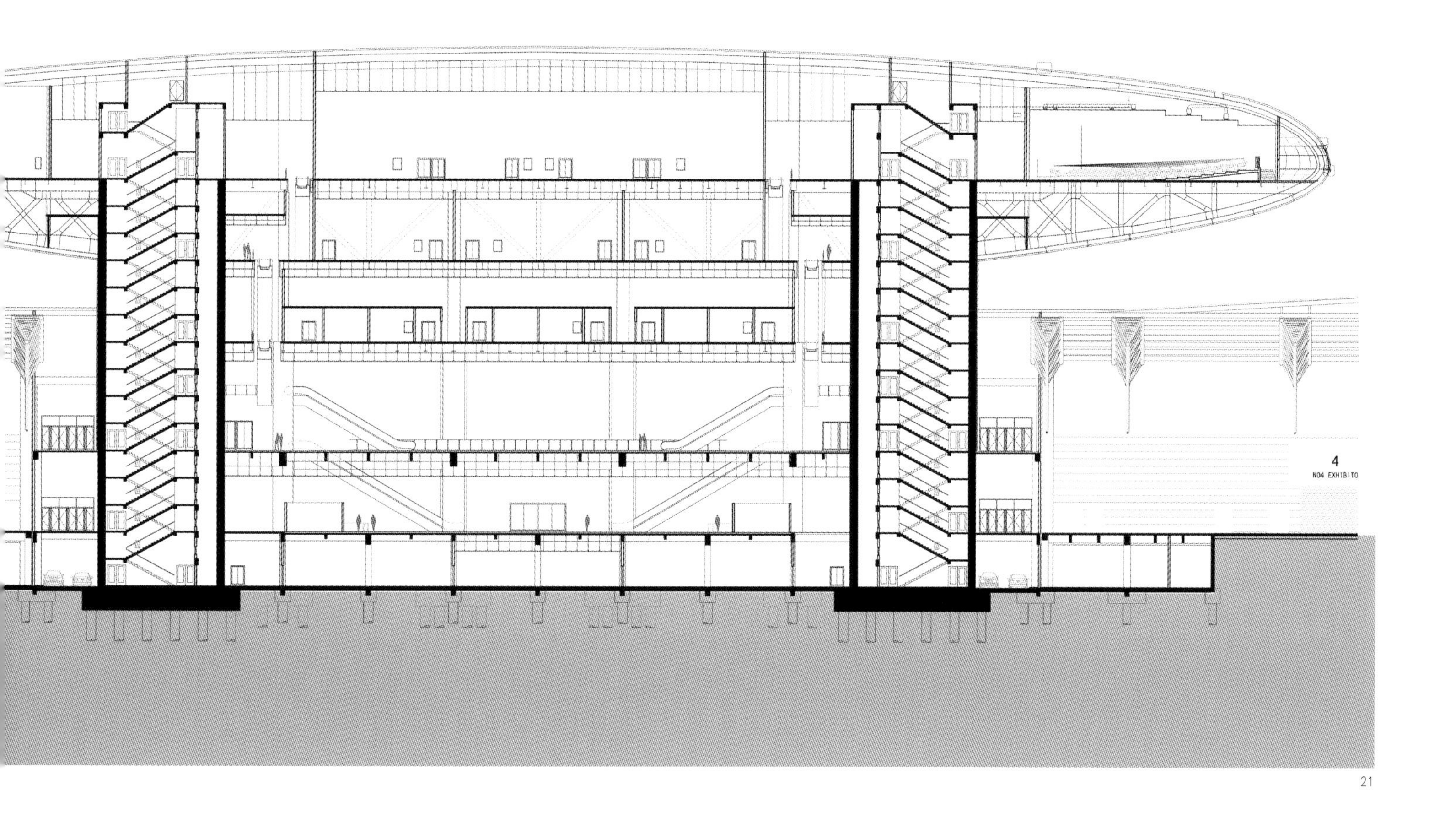
4
NO4 EXHIBITO

21

22 150人国际会议厅内景
23 400人会议室内景
24 会议中心北侧观景廊内景

22

23

镂月裁云

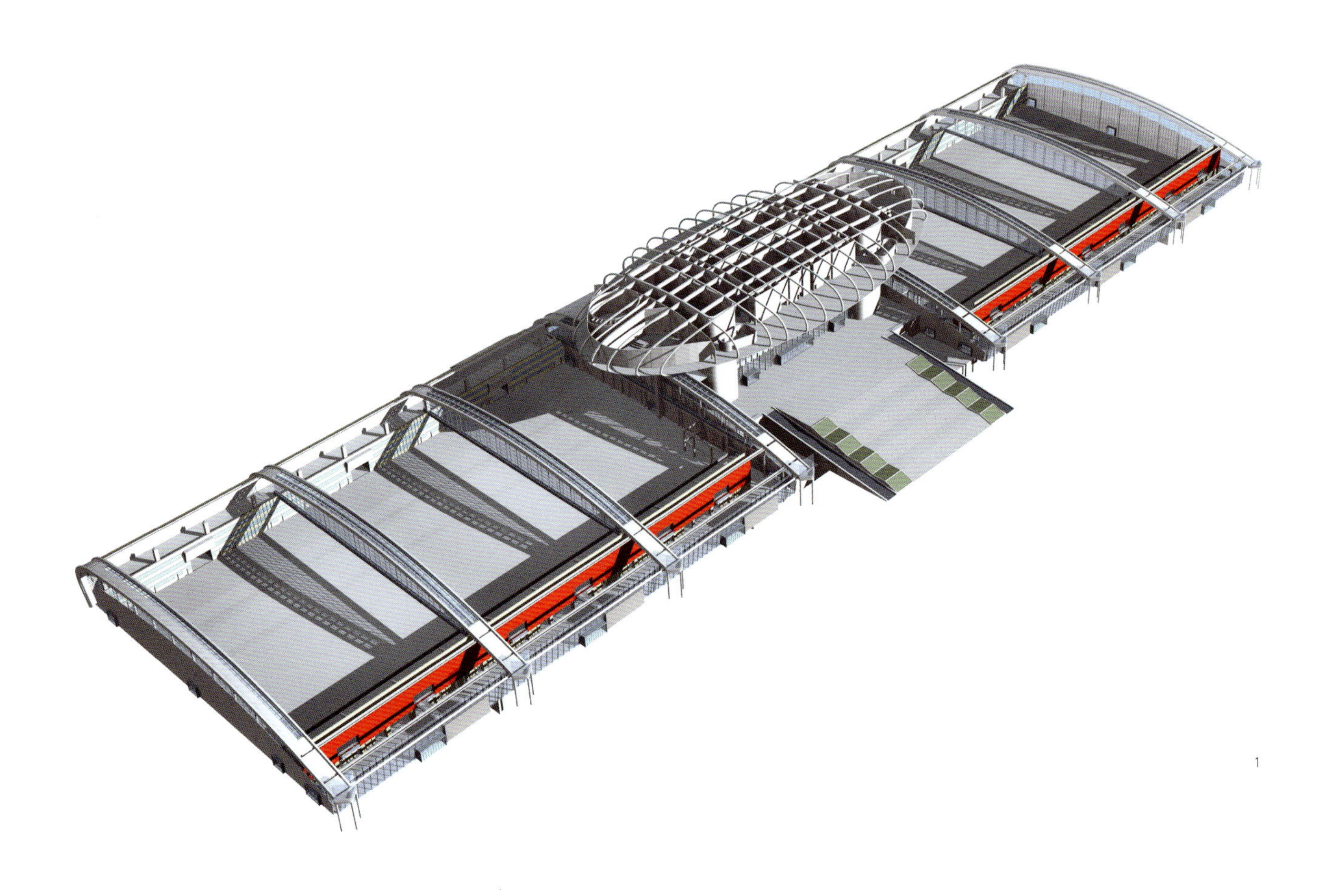

1

结构体系

新疆国际会展中心项目由两侧展馆和居中的会议中心构成“一体两翼”。展馆屋盖采用张悬桁架结构，张悬桁架跨度108.5米，为国内同类工程第三，为地震烈度8度半高烈度区第一大跨度。会议中心为大悬挑大跨度复杂超限高层，悬挑跨度近38米，在国内具备使用功能建筑中名列第一。会展中心项目建筑尺度宏大、造型新颖复杂、使用荷载大，对结构设计提出全新挑战。结构工程师对结构体系合理性和建筑匹配性的不断追求，无论是结构形式、结构构成还是提高结构的抗震性能上，会展中心工程项目实现了诸多突破和创新。

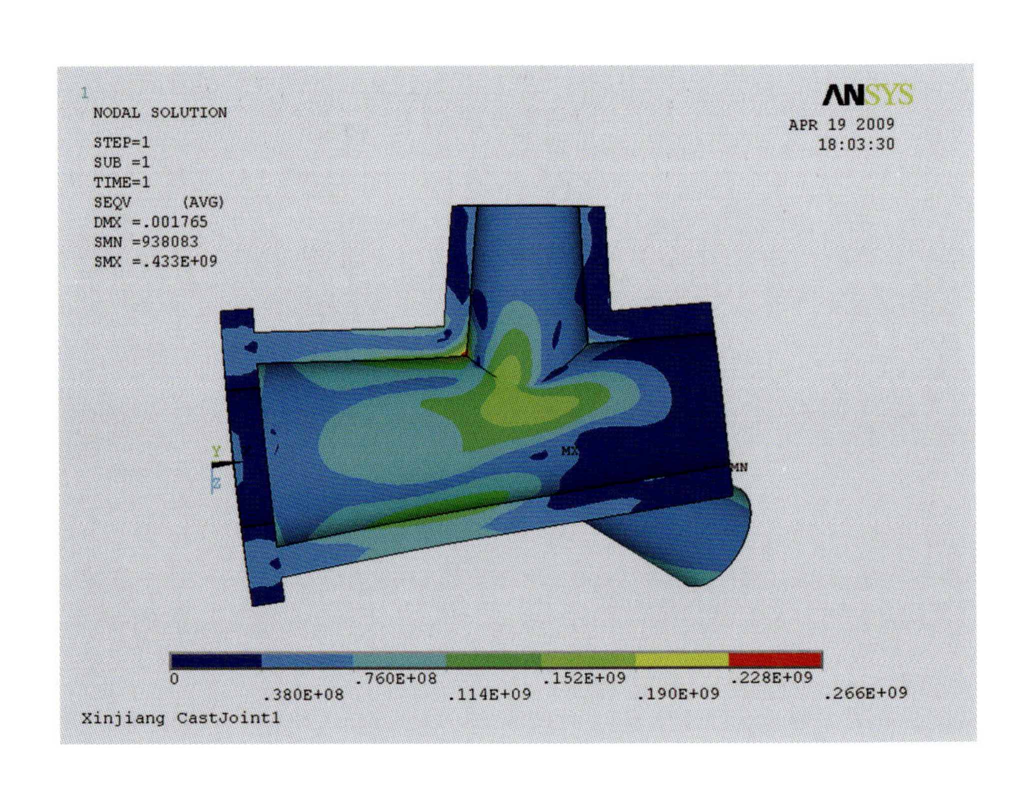

3

1 会展中心电脑模型
2 构件节点应力分析
3 展厅施工过程
4 展厅结构模型

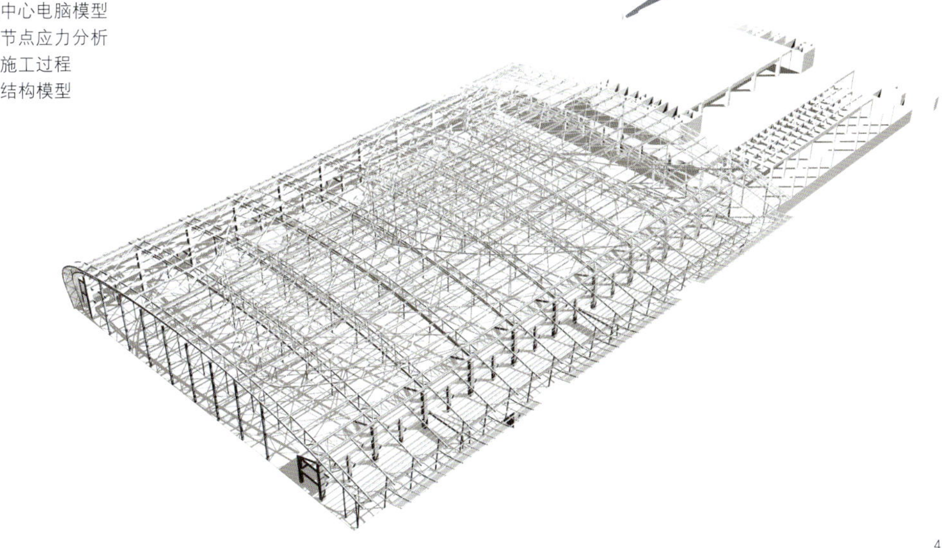

4

展馆新型钢结构屋盖——张悬桁架结构

鉴于会展中心项目重要的政治意义和经济意义，设计团队在设计中务求以高水平的结构体系为优美的建筑形态提供技术支撑。

针对会展中心项目应用张悬桁架的强度、刚度、整体稳定性、拉索平面外的稳定和整体结构抗连续倒塌进行了认真细致的分析，对预应力的取值和预应力的施加方法做了深入的研究，对钢管桁架的相贯节点、钢拉索与支撑杆的连接节点、桁架端部预应力索的锚固铸钢节点进行专题研究。

5

6

7

5 展厅屋面钢结构施工
6 展厅金属屋面施工过程
7、8 展厅施工完成
9 展厅张悬桁架结构图

8

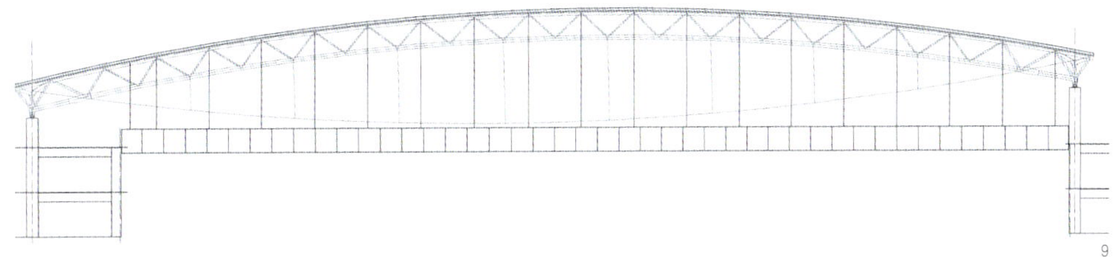

9

张悬桁架结构是一种性能优越的新型结构形式，轻盈而富有建筑表现力，比同样用钢量的其他钢结构具有更高的承载力。

通过细致的计算分析、深入的研究，造就了跨度达108.5米的无柱空间，不仅给会展中心提供了灵活的使用空间，还为新型结构的推广做出了积极的贡献。张悬桁架结构完成效果见图8。

10

抗风安全研究

会展中心平面尺寸为492米×144米，为大跨度空间结构，正中为一个巨大跨度悬挑椭球体。根据当地气候特征，风荷载成为控制结构设计的主要荷载之一。

为保证结构安全，会展中心对风荷载进行了专题研究。研究共分两个部分：第一部分对工程刚性模型进行风洞试验，测量模型表面的平均压力和脉动压力；第二部分根据风洞试验结果，进行风致动力响应效应和风振系数计算。研究中充分考虑未来建设对工程风荷载的影响，对规范方法和风洞试验结果分别计算，最终参考内力组合的数值选取两者的较大包络值。

结构风致抖振的非定常频域计算分析，在有效保证结构设计安全的同时，避免了荷载取值偏大造成浪费。

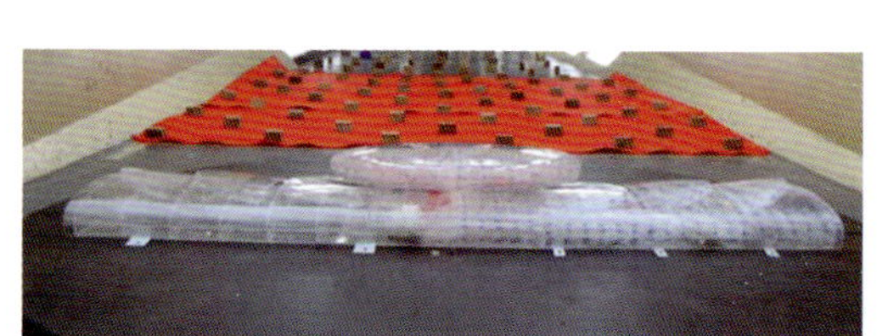

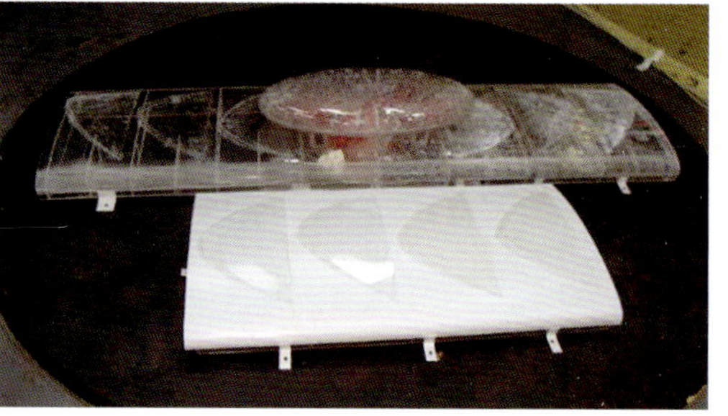

11

12

10 会展中心北侧
11 会展中心风洞模型
12 张悬桁架吊装施工现场

抗震性能

会展中心项目位于地震断裂带附近，抗震性能至关重要。体型庞大、功能复杂的会展建筑既要经受地震和大风的考验，又要兼具较好的经济性，这些都成为摆在结构设计者面前的难题。对于大跨悬挑桁架，抗震和抗风的最关键因素就是确保钢结构悬挑部位的钢构件受拉、抗压、受弯、受剪和稳定性满足强度及稳定要求。结构设计中对每一根杆件、每一个连接节点进行了认真细致的计算分析。

会议中心在地震作用下抗震性能的好坏，还取决于支撑桁架的框架柱及剪力墙的延性，这是建筑能否在地震反复作用中快速消耗地震能量的关键。抗震设计首先从框架柱和剪力墙的耗能机制入手，通过在钢筋混凝土框架柱内设置钢骨，在混凝土剪力墙内设置钢支撑，极大地提高了建筑结构消耗地震能量的能力。

多功能会议室集中在悬挑椭球体内，荷载大且功能复杂，结构通过变化双向悬挑钢桁架的长度实现建筑造型。

14

13

15

13 展厅东侧
14 展厅钢结构施工
15 展厅北侧钢结构施工

16

17

16 展厅东南角
17 展厅内景
18 会议中心休息走廊内景

18

皓月千里

露从今夜白　月是故乡明

新疆国际会展中心简介
五层会议室
四层会议室
三层会议室
二层展厅
热烈庆祝
中国共产党乌鲁木齐市
第十次代表大会胜利召开

1

2

3

1 会议中心入口平台
2 会议中心
3 会议中心夜景

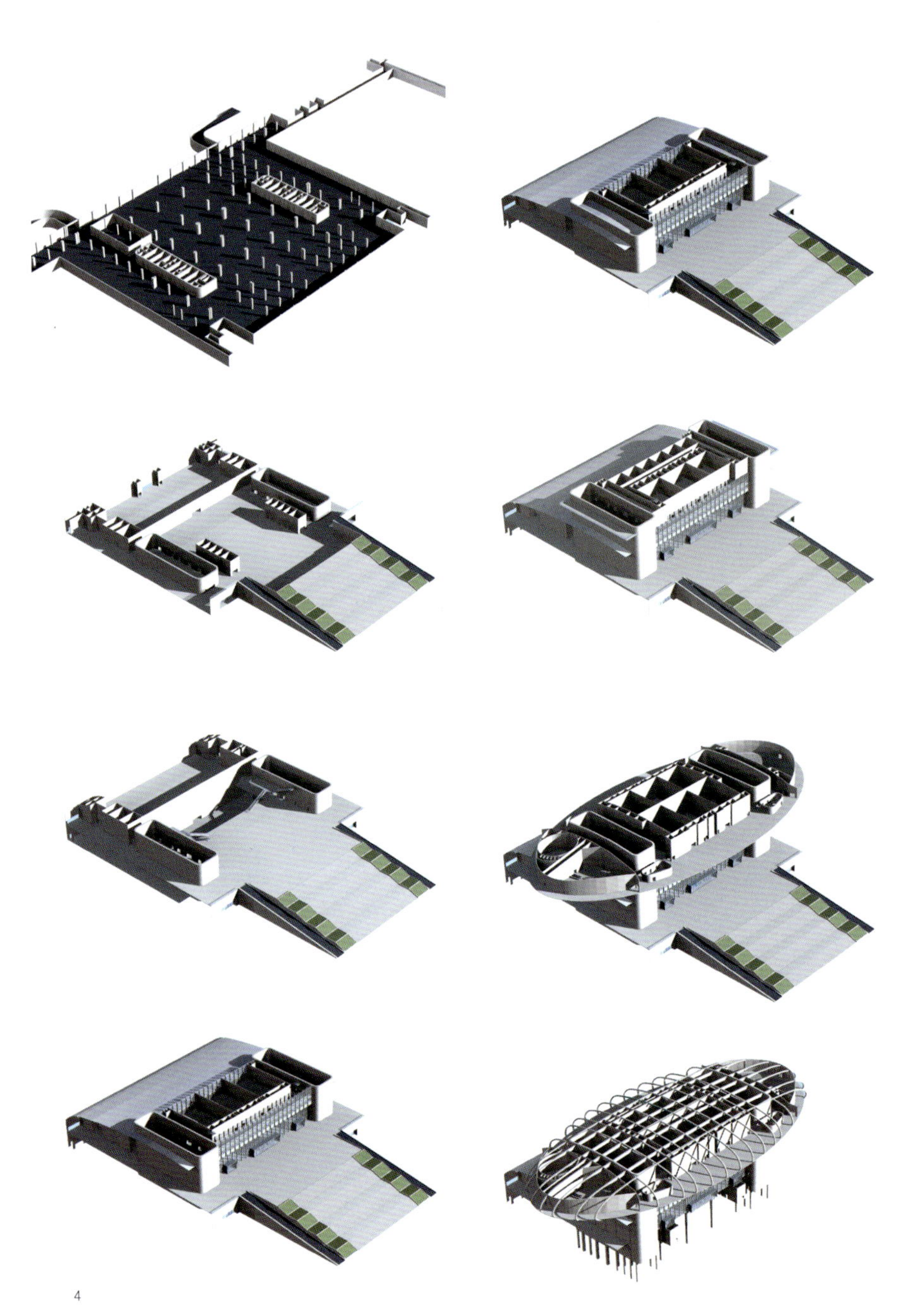

4

5

6

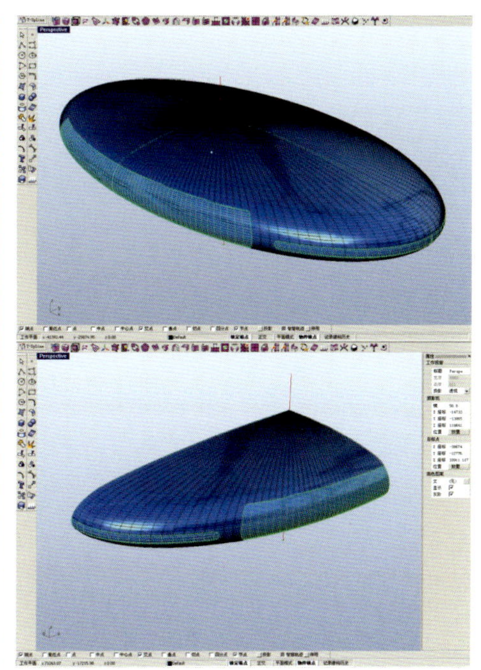

7

会议中心

在整个建筑设计过程中，作为会议中心的“明月”部分是整个设计过程的亮点也是难点。如何保证该部分的设计建成效果，是我们整个设计团队考虑最多的问题。在施工图及深化设计的过程中，我们运用3Ds Max、Rhino等三维设计软件对建造进行了计算机模拟，在模拟过程中发现问题并前期干预解决。

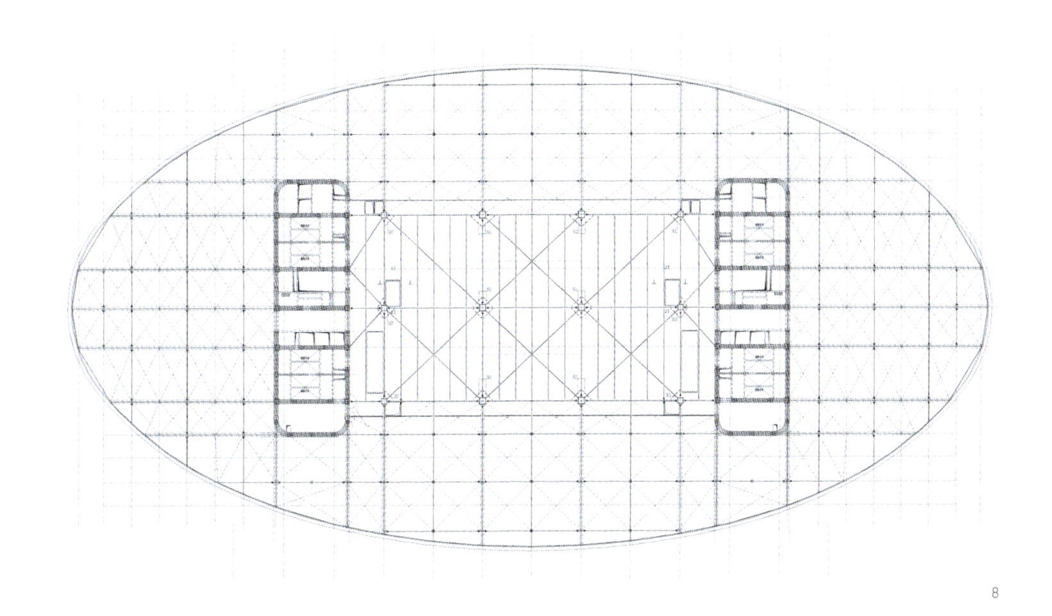

8

4 会议中心结构模型
5 会展中心建成效果
6 会议中心观景廊外景
7 会议中心Rhino模型
8 会议中心结构平面

9 会议中心钢结构施工
10 拉索式点支幕墙施工

9

12

11 会议中心夜景
12 五层观景廊内景

11

14

13

13 1400人多功能厅内景
14 400人会议室内景

15、16 800人会议室内景
17 会议中心入口中庭内景

15

16

17

日月经天

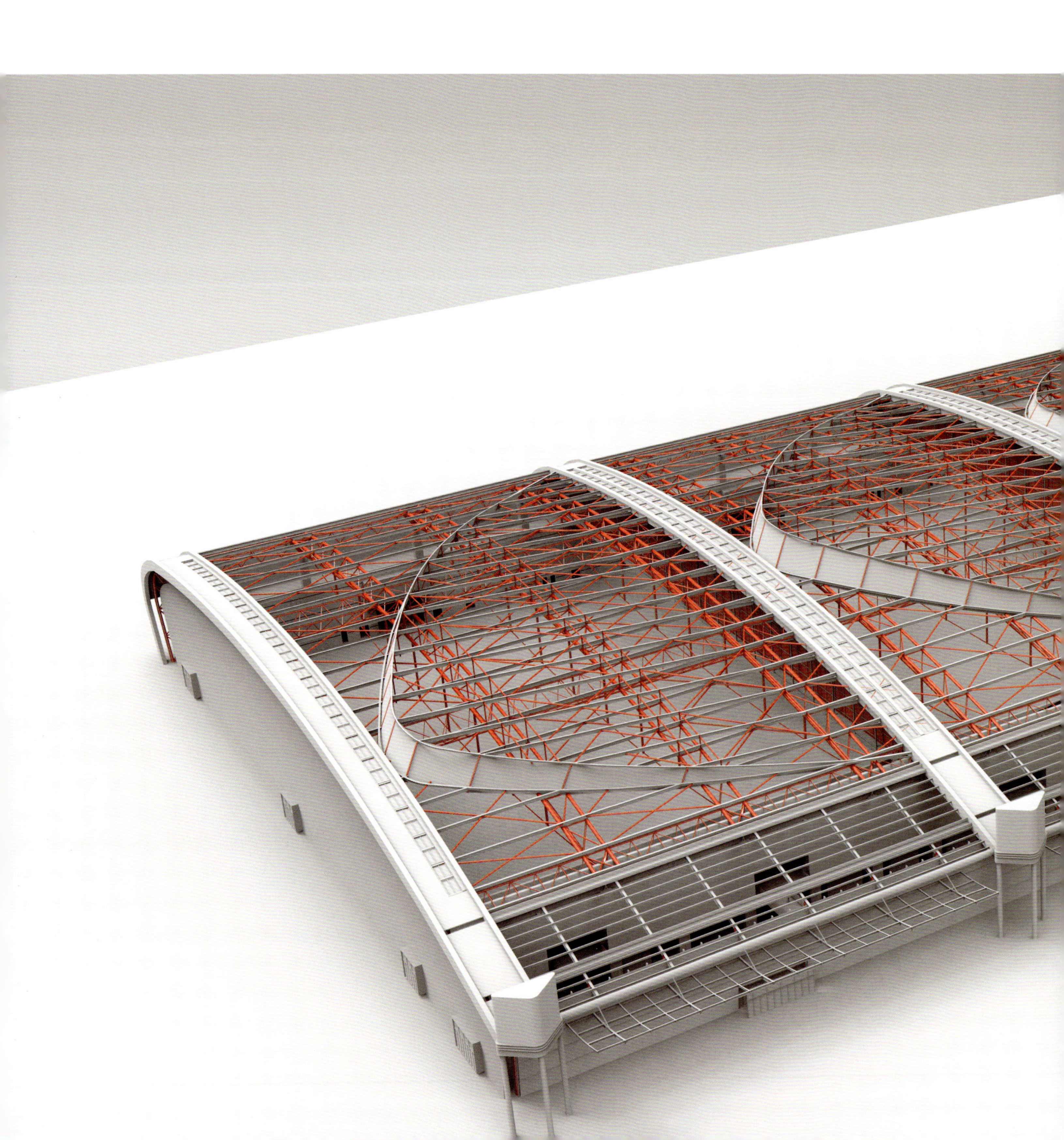

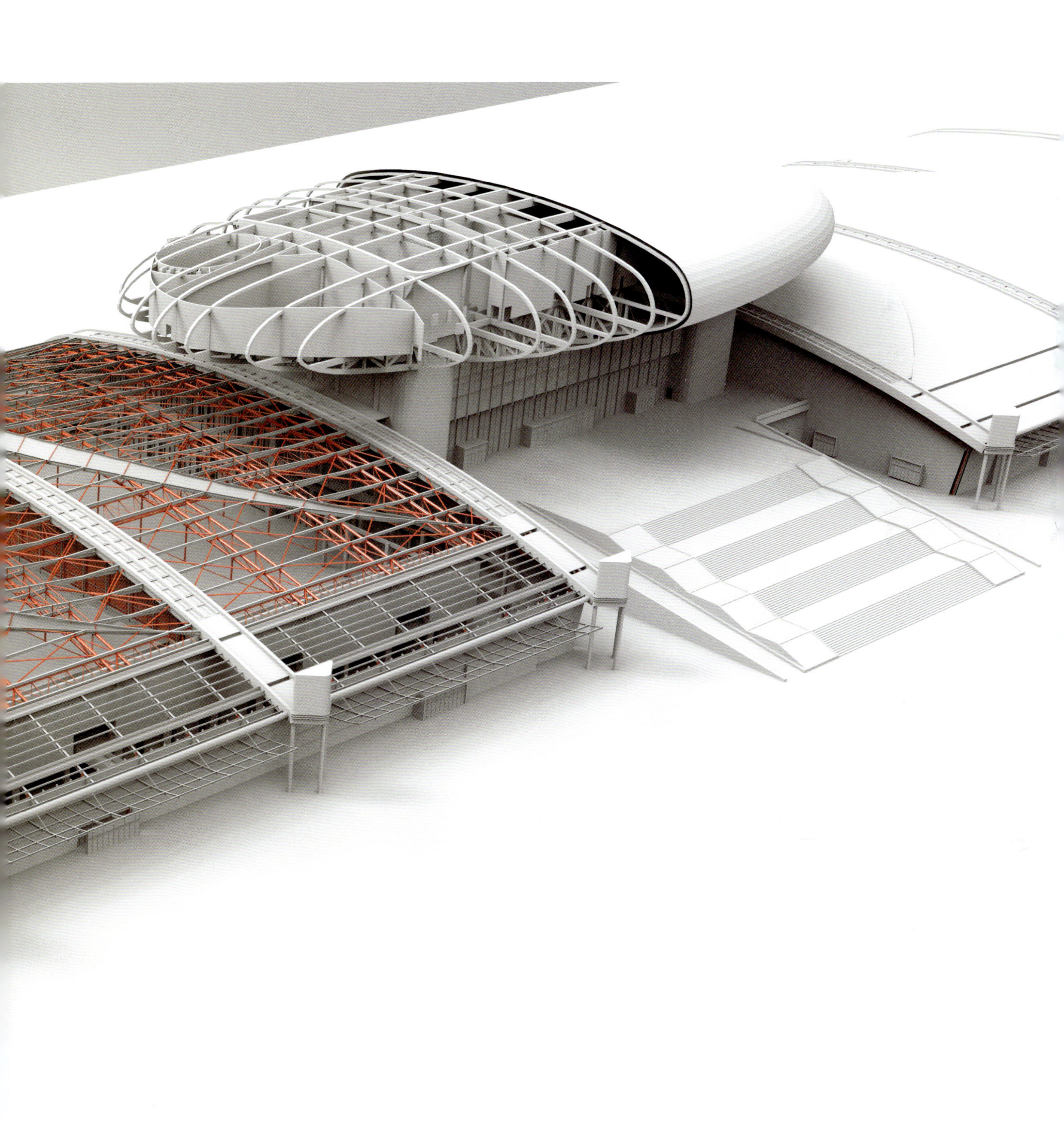

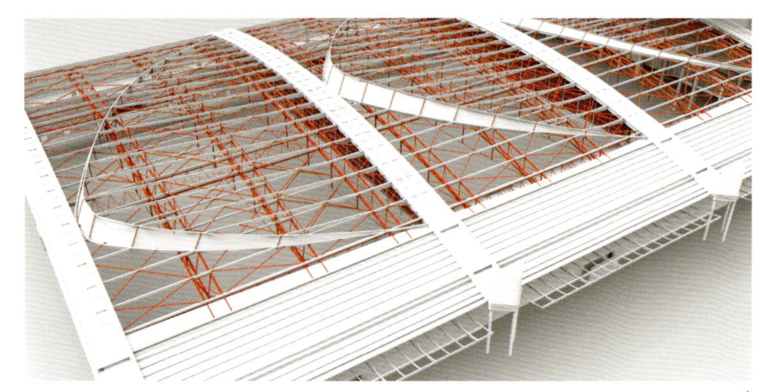

1

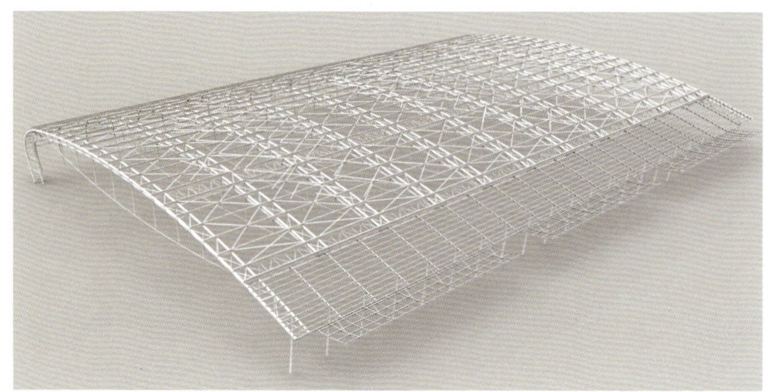

2

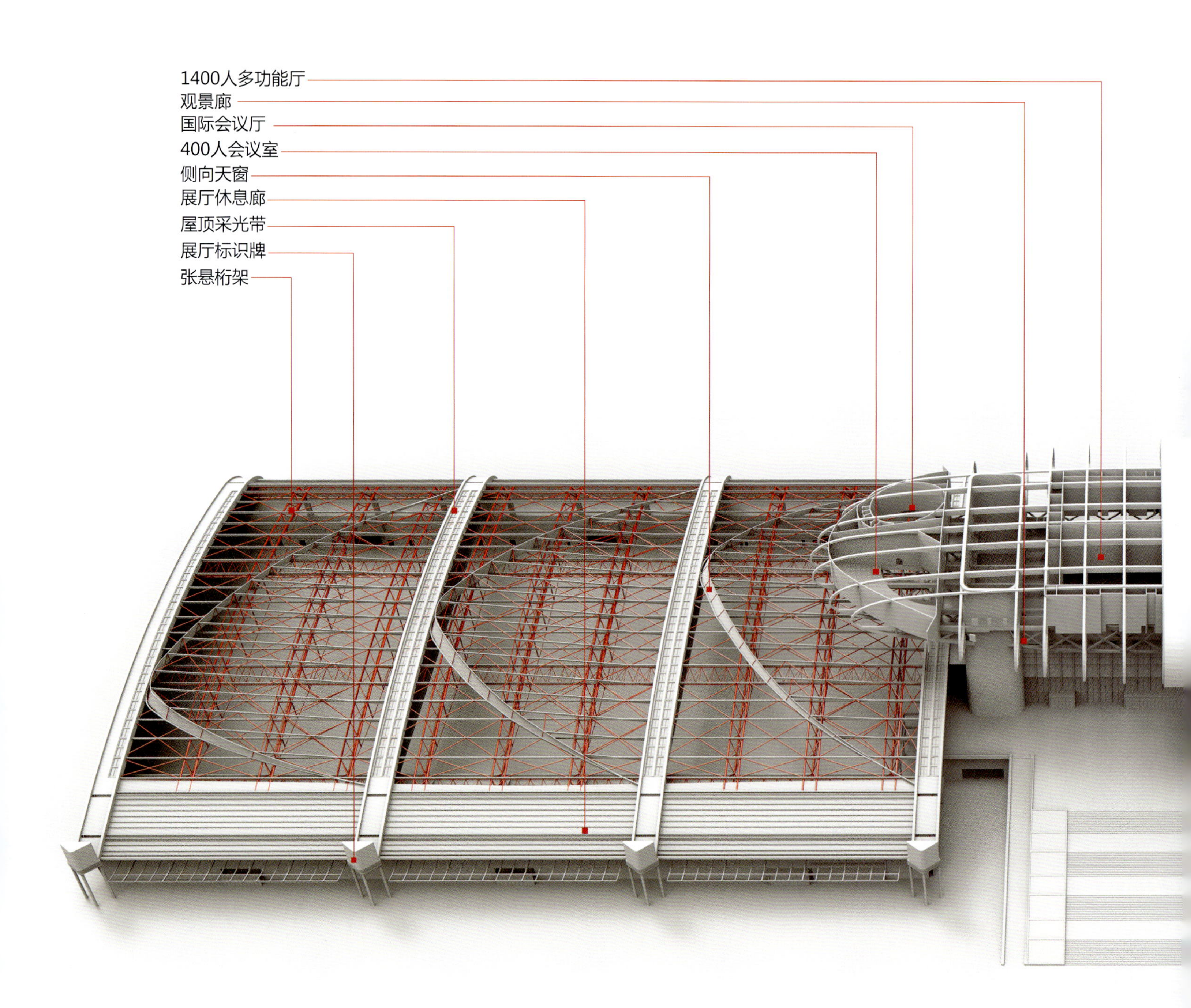

技术探索

在前期方案深化设计过程中，我们运用3Ds Max软件将设计构思模型化，以更加直观的手段推敲细部设计。

在展厅功能布局上，我们将观展人流与布展后勤管理人流分开设置，两者相对独立，均设有对外的单独出入口，方便展会运营管理。同时我们将公共区域与展览区域分离，在南侧靠近室外展场处设置休息廊，作为室外进入展厅部分的缓冲区域。将商务洽谈、后勤管理等房间布置于展厅南北两侧，并充分利用管理用房与屋顶之间的空隙设置设备夹层，空间利用高效、便捷。

1 展厅结构
2 张悬桁架
3 空间关系与功能模型图

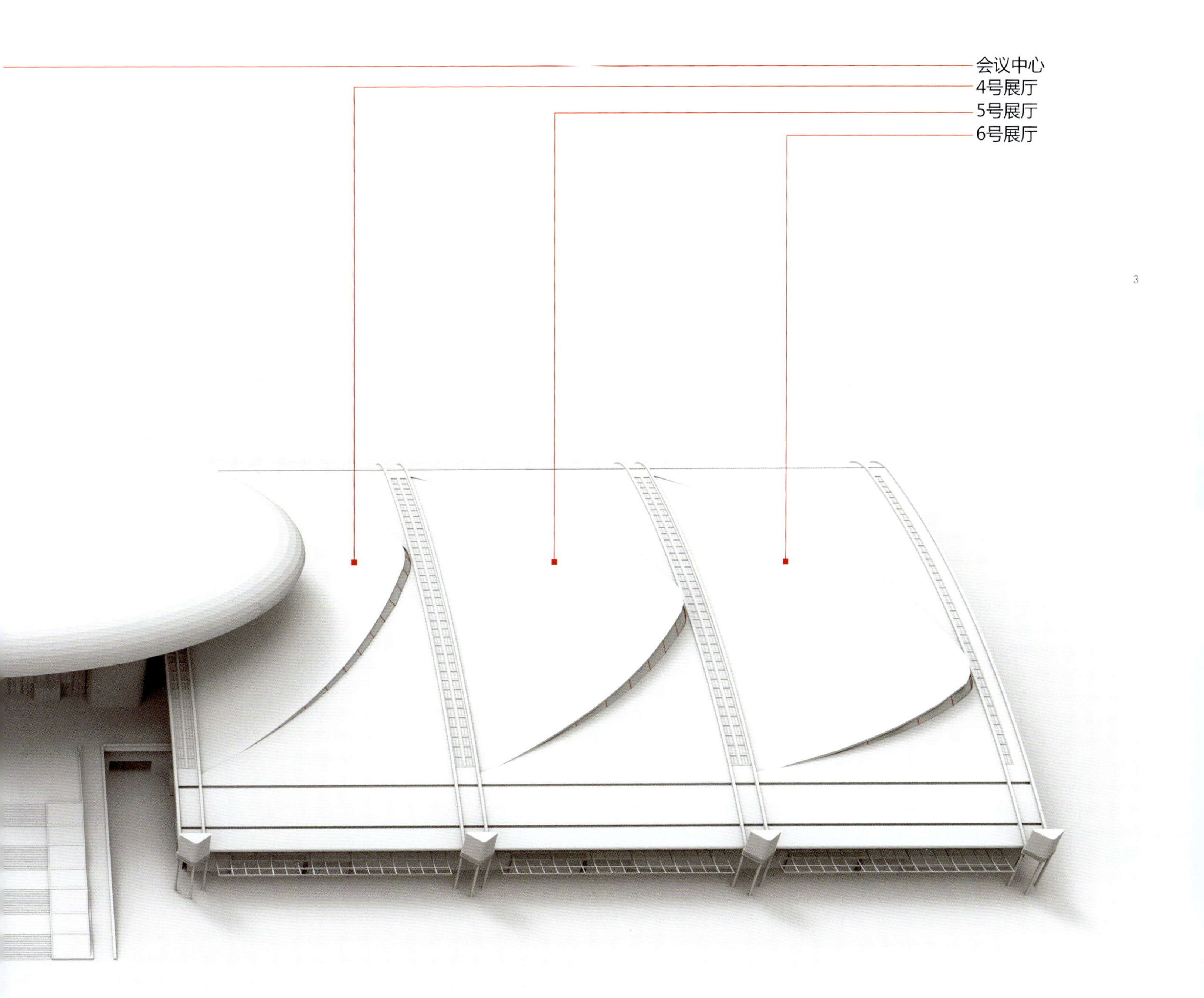

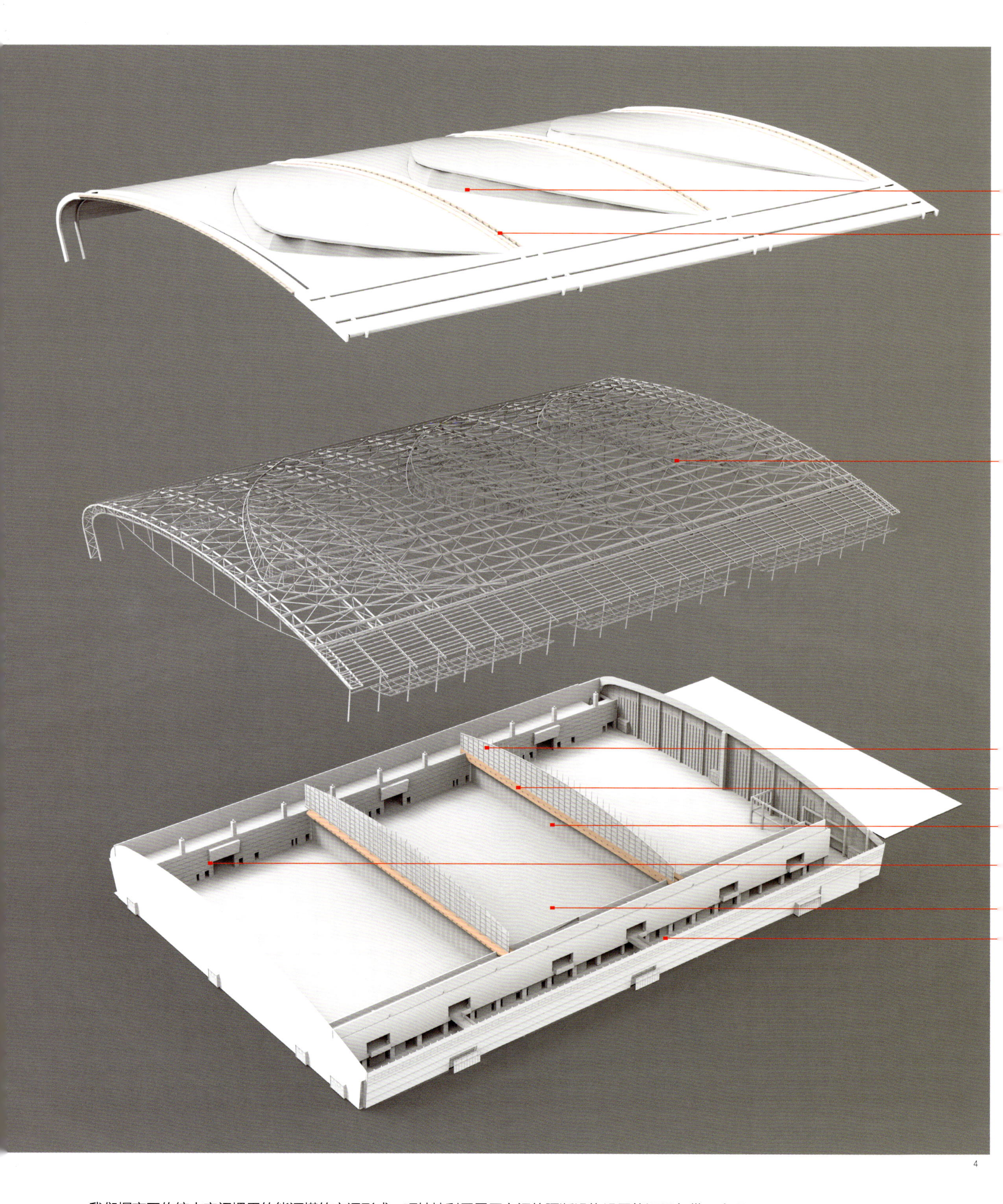

4

我们摒弃了传统大空间惯用的能源塔的空调形式，巧妙地利用展厅之间的隔断设施设置能源设备带，合理将空调、电力、消防的设备管线布置其中，既优化了展厅的内部空间，做到整个展厅内部无障碍物，又完美地解决了设备需求。

侧向天窗

屋顶采光天窗

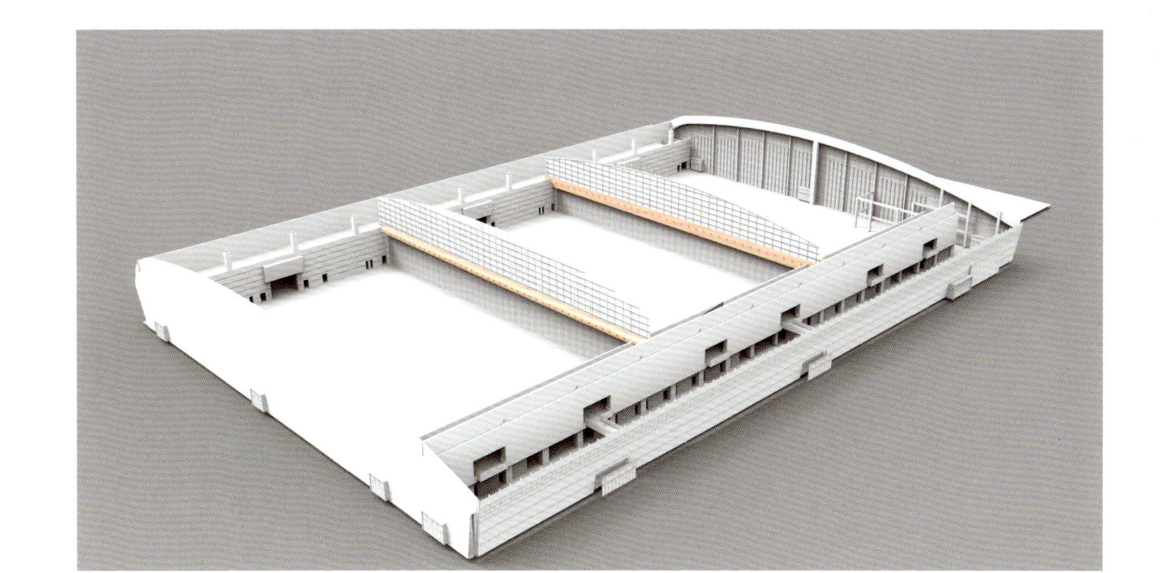

5

张悬桁架

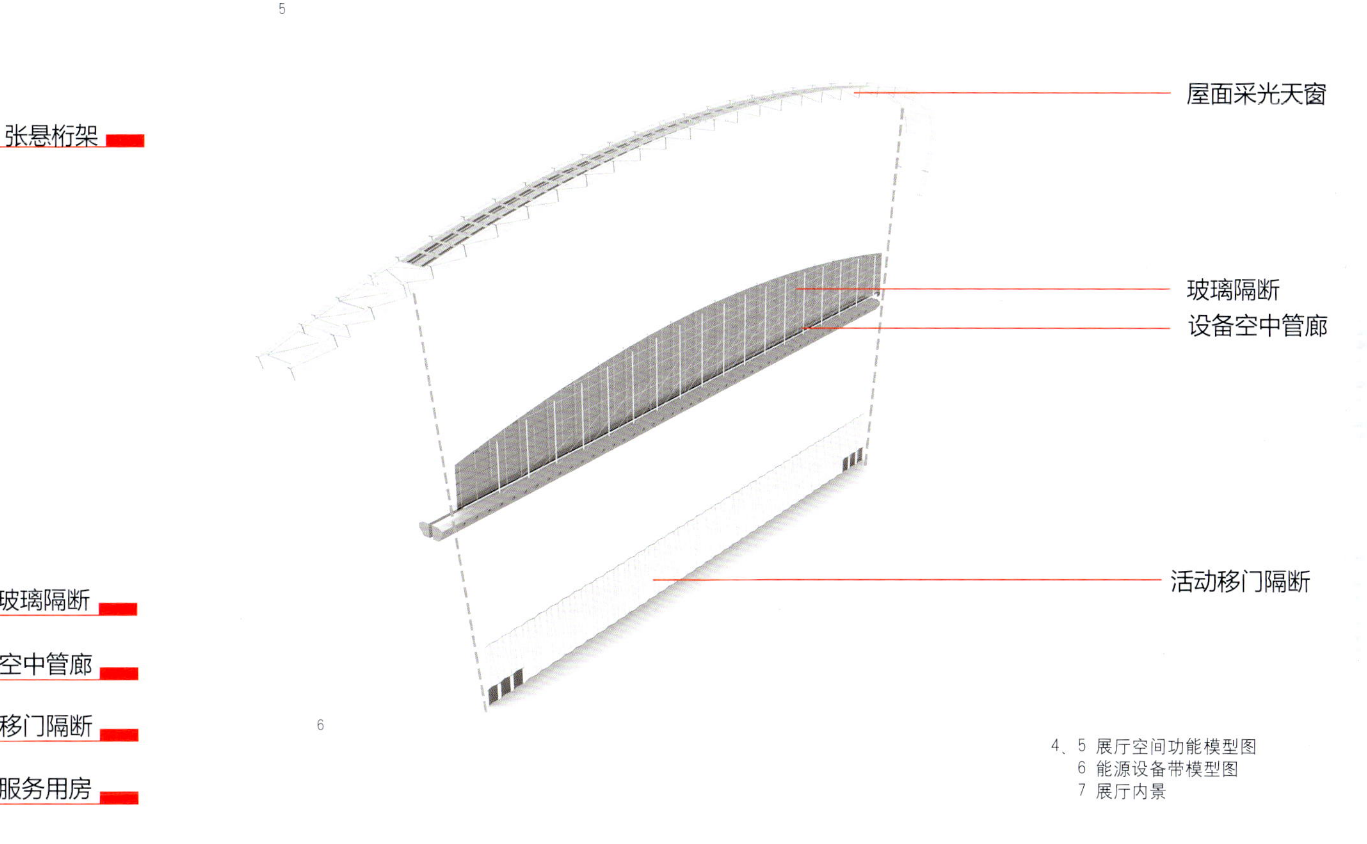

6

玻璃隔断

设备空中管廊

活动移门隔断

服务用房

展厅

展厅休息廊

4、5 展厅空间功能模型图
6 能源设备带模型图
7 展厅内景

7

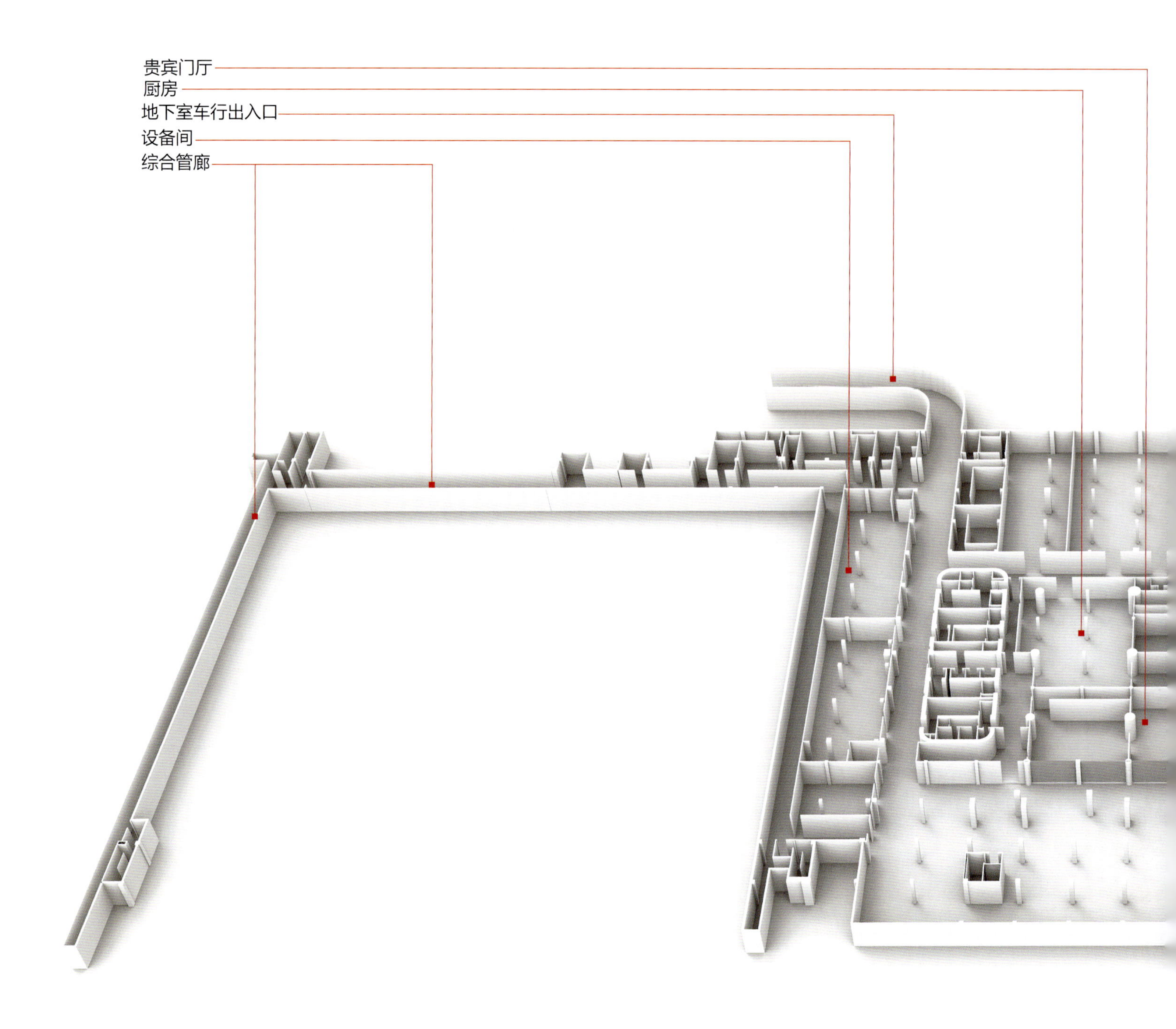

8 综合管廊空间关系与功能模型图
9 综合管廊断面图

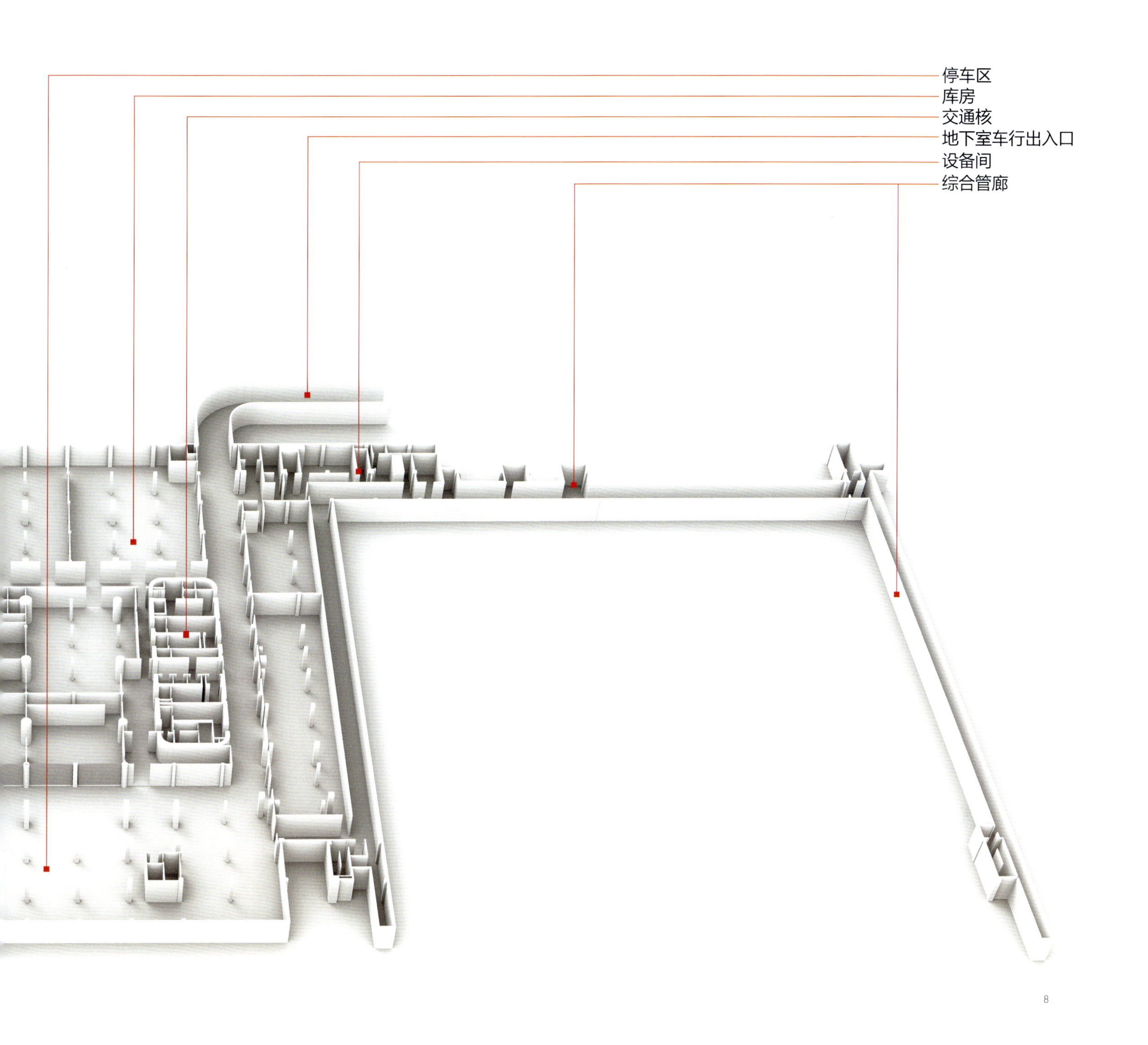

8

9

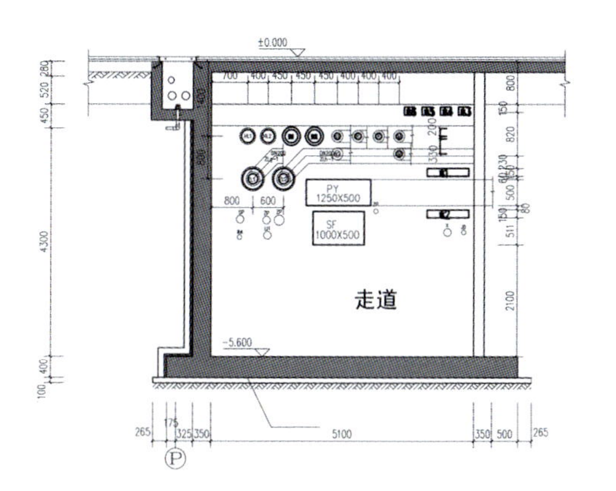

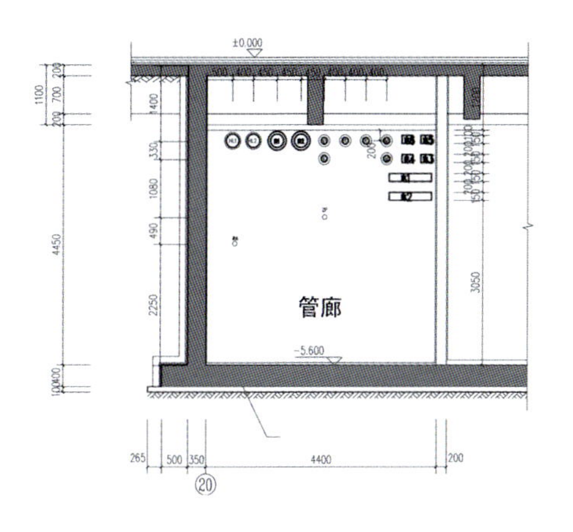

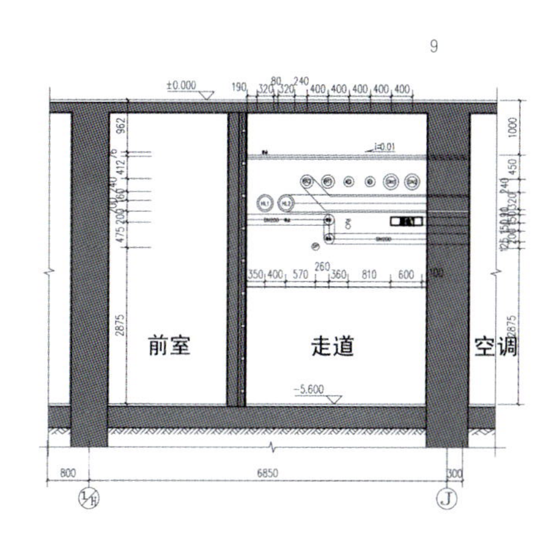

10

11

12

13

节能技术

绿色建筑是指在建筑的全寿命周期内，最大限度地节约资源(节能、节地、节水、节材)，保护环境和减少污染，为人们提供健康、舒适和高效的使用空间，与自然和谐共生的建筑。新疆国际会展中心作为有相当社会影响力的工程，应当成为节能与环保的先锋，成为绿色建筑的典范，实现新时期建筑节能更高的追求目标。

近年来，我国的资源环境问题日益突出，节能减排形势十分严峻。我国能源利用效率比国际先进水平低10个百分点左右，单位GDP能耗是世界平均水平的3倍左右。在我国，建筑能耗占总能耗的27%以上，而且还在以每年1个百分点的速度增加。我国建筑能耗在全国能耗总量中占有越来越重要的地位，而我国目前的单位面积建筑能耗要远远高于发达国家，通常为同等气候条件下国家的2～3倍。在大型公共建筑中，空调用电占50%～60%，照明用电占25%～35%，其余为电梯和办公电器设备用电。因此，降低空调能耗是建筑节能的重点，也是建筑节能的突破点。

10 休息廊内景
11 1400人多功能厅内景
12 贵宾休息室内景
13 展厅内景
14 冷冻站室外机组
15 展厅休息廊一角内景

低碳环保的空调系统

14

新疆国际会展中心项目空调冷源选择时充分考虑新疆地区降水普遍较少，日照充分，属于干旱和半干旱地区的自然环境条件，采用“干空气能”作为驱动能源的蒸发制冷技术空调制冷方式，是该地区目前已知的最节能的空调方式。

“干空气能”和风能、太阳能一样，是大自然赋予人类的宝贵资源，它具有无限大的能量源，蕴含在室外免费的干燥空气中，取之不尽，用之不竭。相对于其他形式的可再生能源，“干空气能”除具有清洁、无污染，资源分布广泛，适宜就地开发利用和转化利用成本低等通用优点外，还具有连续可用、能量密度高、能量利用效率好、无需能量储存装置可直接利用、系统投资相对较低的特点，是一种稳定应用的可再生能源方式。此外，“干空气能”也是一种低品位能源和清洁能源。

“干空气能间接蒸发冷水机”使用的能源大部分都是干空气能，只有少量的电能。在新疆国际会展中心项目中，如果按照夏季供冷期空调运行100天，每天运行8小时，电价为0.8元/度进行计算，则每年可节约120万度电、减少244吨温室气体排放、减少14.7吨二氧化硫排放、减少9.8吨氮氧化物排放、减少97.7吨烟尘和灰渣，每年可节省电费96万元。

15

照明系统

新疆国际会展中心展厅采光设计可谓建筑节能设计的一大亮点，利用展厅“天山峰峦”的造型，巧妙设计出展厅侧窗。充分利用自然采光，在节能降耗的同时，提供了自然舒适的展示环境。人工照明选用直射光通比例高、控光性能合理、反射或透射系数高、配光特性稳定的高效节能灯具，并采用智能照明控制和管理方式。在展馆内包括展厅、车库、公共区域、室外广场各区域实现灵活多样的控制方式来达到既完美又节能的绿色照明效果，保证了照明质量和节约能源。

16

17

18

19

20

21

16 轻型展厅内景
17 8号展厅内景
18 地下车库入口
19 三层走廊内景
20 综合管沟内景
21 一层走廊内景
22 会议中心门厅内景
23 休息廊内景

22

23

峥嵘岁月

建设历程

2010. 2. 10

2010. 3. 29

2010. 4. 24

2010. 5. 20

2010. 6. 26

2010. 8. 4

2010. 9. 4
2010. 9. 17
2010. 10. 28
2010. 11. 18
2010. 12. 15
2011. 9. 23

1

2

5

3

6

4

1 展厅张悬桁架吊装施工
2 会议中心筒体钢构施工
3 会议中心屋面钢构施工
4 会议中心观景廊钢构施工
5、6 会议中心施工过程

7

8

9

7、8、9、10 展厅张悬桁架吊装

10

新疆国际会展中心展厅部分的张悬桁架跨度为108米，当地现有的施工条件无法起吊这么大跨度的张悬桁架，故在施工中采用了分段吊装、现场焊接，待一切成型后现场张拉的施工方式。

11 展厅桁架基座安装
12 会议中心楼面钢结构
13 会议中心筒体布筋
14 钢结构与楼面钢筋交接
15 会议中心幕墙施工安装
16 会议中心屋面钢构施工
17 会议中心金属屋面板施工
18 观景廊内景

新疆国际会展中心五层观景廊采用了双曲面弧形玻璃通廊设计，为保证室内视线的通畅，我们对外幕墙提出了拉索点支幕墙方案，在保证结构强度的同时也优化了立面设计效果。

↑西侧观景廊
学术厅
→

附录
APPENDIX

项目大事记

2008

2008.05　收到方案投标任务书

2008.06　第一轮方案投标

2008.07　第二轮方案投标

2008.12　确认实施方案——“明月出天山”

2008.12　实施方案优化设计

2009

2009.01　实施方案汇报

2009.02　初步设计审查汇报

2009.03　结构方案同构超限审查

2009.05　设计通过消防评审

2009.06　基础及地下室结构施工

2009.08　展厅地上主体结构施工

2009.09　展厅钢结构开始施工

2009.10　会议中心基础及地下室结构施工完成

2009.11　展厅地上主体结构施工完成

2010

2010.04　室外工程开始施工

2010.05　会议中心钢结构开始施工

2010.06　展厅钢构施工完成

2010.06　外幕墙装饰开始施工

2011

2011.04　主体工程验收

2011.05　场馆第一次试运营

2011.08　消防工程验收

2011.09　首届亚欧博览会顺利召开

后记
POSTSCRIPT

2011年9月1日，中国第一届亚欧博览会在乌鲁木齐市顺利召开，作为该次博览会的主会场，新疆国际会展中心向世人展示了一个全新的乌鲁木齐市。这本书记录了整个会展中心建设过程，不仅仅是表达项目的设计及成果，更重要的是展示了在项目建设的三年过程中，投资方、建设方、设计方以及施工监理单位等各方单位的团结合作，在工期紧、要求高的条件下所做出的共同努力。

致谢
ACKNOWLEDGEMENTS

新疆国际会展中心的设计与建设对于CADI来说，是在会展建筑设计中的一次突破，这一切都与我们整个的设计团队的团结合作密不可分，只有通力合作才能在来自国内外优秀设计公司的激烈竞争中一举中标。在项目建设的整个过程之中，来自我们设计团队的设计人往返于武汉与乌市之间，亲临建设现场，让设计创意更好地实现。

从施工图完成至今三年，在乌鲁木齐市政府、城投公司的领导下，各参建单位团结一致、竭诚合作，于2011年9月基本完成投入运营，第一届亚欧博览会在此顺利召开。首届亚欧博览会彰显了新疆效率，体现了新疆能力，弘扬了新疆精神，展示了新疆形象，谱写了新疆对外开放历史的新篇章。经过一届亚欧博览会的使用，也经过了一个冬季的运营检验，工程建筑结构安全、设备系统运行正常稳定，因此新疆国际会展中心工程符合设计要求、满足使用条件。新疆国际会展中心工程为中信建筑设计研究总院在新疆再次赢得了荣誉、树立了品牌，为我院在新疆乃至西部地区奉献更多优秀建筑文化成果打下了坚实基础。

在此，要感谢我们的设计团队的辛勤付出，感谢新疆维吾尔自治区人民政府和建设单位的大力支持！